品读
大连

大连美食

舌尖寻香

王希君 著

大连出版社
DALIAN PUBLISHING HOUSE

图书在版编目（CIP）数据

舌尖寻香·大连美食 / 王希君著. — 大连：大连出版社，2022.9
（品读大连）
ISBN 978-7-5505-1762-2

Ⅰ. ①舌… Ⅱ. ①王… Ⅲ. ①饮食–文化–大连 Ⅳ. ①TS971.202.313

中国版本图书馆CIP数据核字(2022)第077380号

SHEJIAN XUN XIANG • DALIAN MEISHI
舌 尖 寻 香 · 大 连 美 食

出 版 人：代剑萍
策划编辑：刘明辉　代剑萍　卢　锋
责任编辑：卢　锋　乔　丽
封面设计：盛　泉
版式设计：对岸书影
责任校对：金　琦
责任印制：刘正兴

出版发行者：大连出版社
地址：大连市高新园区亿阳路 6 号三丰大厦 A 座 18 层
邮编：116023
电话：0411-83620573/83620245
传真：0411-83610391
网址：http://www.dlmpm.com
邮箱：dlcbs@dlmpm.com
印 刷 者：大连金华光彩色印刷有限公司
经 销 者：各地新华书店

幅面尺寸：170mm × 240mm
印　　张：14.75
字　　数：270 千字
出版时间：2022 年 9 月第 1 版
印刷时间：2022 年 9 月第 1 次印刷
书　　号：ISBN 978-7-5505-1762-2
定　　价：49.00 元

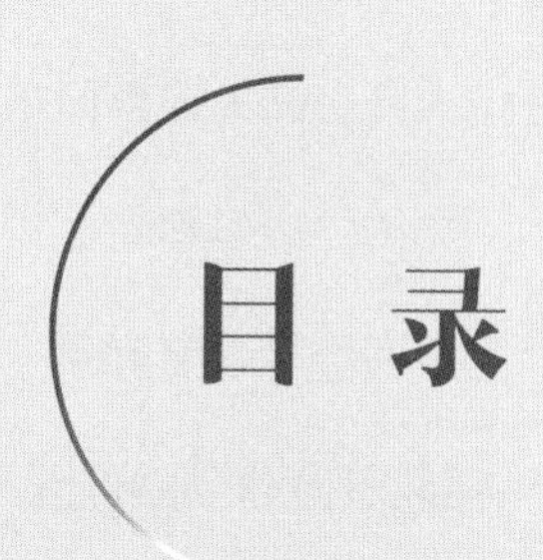

目录

原汁原味咸鲜口来自鲁菜

福山人带来胶东菜

城市最古老的建筑，最能体现一个城市的历史。

我和董长作大师坐在大连最古老的百年老店大连宾馆一楼的咖啡厅里，品着新疆雪菊。他细抿了一口，咕噜咕噜带着响声，竖起大拇指，笑了笑，开始娓娓道来。

我顿感一股轻松的暖流从充满压力的身体里纵横淌过。

面对眼前这位大连餐饮发展变化的见证人，一想到要从这个具有象征意义的城市中心开始记录大连美食文化的历史印记，我心情异样兴奋。

“要想知道大连菜是怎么发展的，就得知道大连人是怎么来的。”董长作大师的幽默等于在告诫我什么。

一部《闯关东》电视剧，让大连剧作家高满堂在九州大地一炮走红。主人公朱开山家开的天天好饭店，那四道名菜——朱记酱牛肉、鲁味活凤凰、满汉呈祥、富富有余，好长一段时间里都成为大连那些“吃货”们津津乐道的美味话题。

其实，闯关东真正漂洋过海的山东人，还是在大连落脚的大厨最多。

来到大连的山东人有一个俗称，叫“海南丢子”。“海南丢子”指的是山东到大连的移民，因为山东在大连的南边，在海的南边，所以，“海南丢

子”说的就是山东人。更有人指出，所谓“海南家”，就是指山东龙口，过去叫黄县的地方。

有一种比较靠谱的说法是，“海南丢子”移民的过程是相当艰难的。据说19世纪下半叶，大批山东人为生存而闯关东，开始了中国历史上一次重大的迁徙活动。山东一带连年战乱饥荒，日子过不下去了，一帮胆子大的人就划着小船，摇着舢板向北漂——他们听说了北边有个地方挺好。虽然路上冻死饿死了一些人，有些意志不够坚强的人半道上还折回去了，但还是有大批的人往前走，终于到了这块热土。

大连是连接山东与东北主要的海路中转站，是他们最早的落脚地。他们一下船，有一些好奇心和征服欲很强的人继续往沈阳、吉林、哈尔滨方向走，而大部分“海南丢子”因为一路晕船、饥饿加颠簸折腾，再也不想往前走了，就自然而然留了下来。在留下讨生活的群体中，不乏胶东一带的名厨高手，他们大都是中国著名鲁菜之乡山东福山的鲁菜师傅，在大连的酒馆饭店中亲自掌勺带徒，开始将从山东老家带来的精湛的鲁菜烹饪技艺广为传授，大连菜的鲁菜基础就这样历史性地形成了。

最顽强的生命，播种的一定是最茂盛而沉甸甸的收获。在中国八大菜系之前历史上最早的四大菜系鲁菜、粤菜、川菜、苏菜中，据说鲁菜的生命力是最强的，拓展空间是最大的。

鲁菜也称山东菜，位居中国四大菜系之首，早在春秋时期就享有盛名，是中国北方菜的绝对代表，以选料考究、刀工精细、调味得当、工于火候、

作者与董长作（右）

烹调技法全面、风味鲜咸适口、清香脆嫩而自成一格。鲁菜分为济南孔府菜和胶东海鲜菜两个分支，也称济南帮和胶东帮。起源于孔子家乡的济南孔府菜，也叫济南官府菜，因孔子在中国帝王间的巨大影响力而成为中国古时候历朝历代达官显贵一直推崇的菜肴。胶东帮起源于福山、烟台、青岛等沿海地区，以烹饪海鲜见长，口味以鲜嫩为主，偏重清淡，讲究原汁原味。

大连地方菜就源于鲁菜系中的胶东帮。如今，大连许多城市名菜，都有鲁菜胶东帮的印记。甚至还有人说，大连菜就是山东菜。这话当然有些绝对，但也不是毫无道理的。“东洋的女人西洋的楼，福山的大师傅压全球。”这句在胶东地区广泛流传的民间谚语已成为人们的口头禅。1985年第三期《中国烹饪》鲁菜专辑《鲁菜概述》中就强调指出：“胶东菜最早起源于福山，距今已有七百余年的历史。长期以来，福山县作为烹饪之乡，曾涌现出许多名厨高手，他们通过努力，使福山菜得以流传于省内外，对鲁菜的传播和发展做出了重要的贡献。”可见，鲁菜的生命力是多么顽强，就像

新派鸡枞菌烩海参

让人钦佩的勤劳、善良、有智慧而又有些固执的山东人那样。

在这些闯关东来大连的胶东帮大厨里，你必须记住一个重要的名字——王杰臣。

“大连味”最早飘自群英楼

想一想有些可惜，“群英楼”曾是在大连红火了上百年的品牌酒楼，如今人们只能偶尔在某些水饺、月饼的包装上看到曾给大连餐饮带来无比辉煌的这三个字，后一代人很少知道，它曾经是大连当年的四大餐饮名楼之一。

天津街东头连着的修竹街最南端，一幢小二楼。如今它已残垣破壁，茅室蓬户，斑驳陆离。站在小楼前，我依稀看见那个曾经骄傲的大连餐饮小楼，在100年前，它门庭若市，车水马龙，商人官员外国使者来回穿梭。眼下站在这里，你会发出疑问，这就是给大连餐饮历史留下重大价值的那个群英楼吗？

“原汁原味，鲜嫩鲜咸，这就是大连菜的味道特点。”董长作大师说，“记住这八个字，就知道了大连菜的主要特点。而且，还要记住山东福山人王杰臣和群英楼。”

王杰臣何许人也？

2008年，大连名厨牟传仁老先生还在他儿子开的牟传仁老菜馆坐镇主理老菜时，我是第一次从他的嘴里听到了“王杰臣”这个名字。后来又查阅了一些资料，大致知道了王杰臣和大连菜重要的历史渊源。

鲜贝原鲍

19世纪末，成批北上的胶东移民前仆后继，不少山东福山大厨为生活来到大连。尽管战火硝烟四起，但坐镇大连旅顺口的北洋水师，客观上给大连经济带来了“昙花一现”的盛景一刻。

一次准备充分的冒险，往往就抓住了一个人生辉煌的重要机会。对北上大连的胶东帮来说，这既是一次有准备的冒险，也是一次天赐良机。

1892年，福山人王杰臣就在这样的背景下渡海来到大连，凭借一手鲁菜好厨艺，在修竹街开了间名为“春字号”的小饭馆。这个小馆子，就是眼前这个小二楼的雏形。

王杰臣是鲁菜高手，主要绝活是爆、扒、蒸、烧、炸。他的出现，让大连餐饮热闹起来。当时他的名菜能让很多商贾官宦倒背如流。有人后来把他的十大主要菜品编成了《十菜歌》：

“鸡锤海参”撩拨你上床，“红烧海参”好看男女相，“红鲤戏珠”妹要当新娘，“鲜贝原鲍”害你身痒痒，“橘子大虾”媳妇把你抢，“盐爆双龙”胜过海龙王，“一鱼三味”你成吹牛王，“糖醋黄花鱼”甜蜜喜洋洋，“虾仁蛋白汤”就像迷魂汤，“海味全家福”亲情更滚烫。

这些鲁菜菜肴，大都体现清鲜肥嫩、原汁原味的特点，让当时在大连的中外人士喜欢极了，加上菜肴歌谣的喜庆吉利色彩，春字号火得一塌糊涂。

十年后，即1902年，小小的春字号扩建为后来的群英楼。

“当时不扩建不行啊，就连不少外国人都总是上这里来。”后来成为群英楼名厨的牟传仁老先生对我说，“日本人侵占大连后，这个馆子简直就成他们的食堂了。别看是外国人，对咱山东福山的菜味照样喜欢得不得了，尤其对咱的大连海鲜更是喜欢。我都怀疑，现在日本人做的海鲜料理，有不少可能就是侵略咱大连后设计的。咱们大连海鲜好，营养和口感最棒，是亚洲不少国家公认的，要不他们怎么敢那么生猛地吃？”

糖醋黄花鱼

我们可以把牟老的话当成他的一家之言，改革开放后日本人一个劲儿地从大连进口海胆鲍鱼海参赤贝可是真真切切的现实。

“要想吃好饭，围着福山转。群英楼饭店，天下美味传。”

大连人对群英楼当年就是这么赞美的。群英楼餐饮基本都是出自山东福山厨师的手，大连饮食文化的底子便是无数福山厨子从那时打造起来的。

王杰臣为了满足大连餐饮业当时的需要，还开设了亚东楼。后来不少大连鲁菜师傅的手艺，都是他在这里一手调教出来的。

后来王杰臣去世，群英楼也在新中国成立后变成了国营饭店。有一段时间更名为修竹饭店，后来又改了回来。再后来，群英楼响当当的大厨牟传仁当了总经理。这个迄今为止大连唯一一直存活的中华老字号餐饮企业， 因为一个看似偶然的原因——一对老夫妇的出现，突然发生了很大的变化。

20世纪80年代末期，一对日本老夫妇慕名几次专程来群英楼吃牟传仁研发的海鲜鱼肉馅水饺，并产生了进口群英楼水饺到日本的念头。在这对老夫妇的多次鼓动下，牟传仁带着群英楼员工开始试着加工出口海鲜鱼肉馅的速冻水饺——而此时此刻，许多国人尚不知速冻食品为何物。

当然，他们成功了，他们让群英楼占据了复活的先机。

眼前修竹街上的老群英楼，已将沿街门面租给了几家小饭店小商铺，难辨的招牌，残耸的烟囱，贩夫走卒的脚步，海鲜小贩的吆喝，让这老群英楼有了几分明日黄花的凄凉色调。在经历20世纪90年代末天津街地区大规模拆迁改造后，大多老牌饭店停业搬家，无意中“与国际接轨”的群英楼却抓住了速冻食品这根救命稻草挺了过来。而天津街至今仍未完全恢复元气，不少老大连人对此始终难以释怀。

春字号与最早的群英楼旧址

20世纪90年代末，大连饮食的多元化走向使得群英楼这类胶东老菜馆逐渐失去了统治地位，老一辈的厨子也淡出历史舞台，虽然在港湾街附近修建了新群英楼饭店，其影响力却早已不如从前。世界的发展变化是阻挡不了的，但在正常的历史前行中，那些优良的东西是应该在保留的基础上向前发展的，在这样的前行发展中不断注入新的时代内涵，就像杭州名店楼外楼、福建名菜佛跳墙、山西小吃刀削面，无论店怎么变，菜怎么改，小吃如何调理，主要的特征和味道是不会改变的，美食的历史文化特色是不能消失的。我相信，总有一天群英楼会重现辉煌。

老大连的馆子味儿

你如果问一问40岁以上的大连厨师，什么叫老大连的馆子味儿，他们都会说，就是20世纪80年代以前用大豆油做出来的菜的味道。

在大连宾馆厨房，董长作大师用现在不少厨师都不用了的大豆油做了一道宫保鸡丁。宫保鸡丁虽然是一道川菜，但也绝对是一道大连老菜。

我是在厨房看着他做完这道菜的。大豆油下锅四五成熟，他就把葱姜蒜放进锅里爆锅，蒜香的味道首先浓浓地扑入我的鼻孔。他是大师级厨师，烹饪水平自然高，所以他是直接将切好的鸡丁和辅料下锅翻炒，不需要滑油或滑水这道保住菜品品质的工序。对一般经验不足的小厨师来说，在做宫保鸡丁这道菜时，或是滑油或是滑水，才敢将切好的鸡丁下锅，不然要么炒不透要么油溻锅，卖相不好看，味道也腻人。而董长作大师将炒好的宫保鸡丁高高举起出锅入盘那几秒钟，那鸡丁已然带着诱人的香气，征服了我的味蕾。

我迫不及待地尝了一口："鲜香，不易察觉的酸甜，混合在一起的味道真是美妙死了，主体的香味是鸡肉的鲜香，跟豆油的香味混搭着好极了！这就是80年代前的大连馆子味儿！久违了！"

我有些激动了。我真的好久没有吃到儿时记忆中的馆子味儿了。记得小时候到天津街的山水楼、惠宾餐厅、王麻子锅贴，甘井子井冈山饭店这些老馆子吃过几次饭，就是这个味道。有人曾与我争辩，认为那时候馆子菜没有现在丰富，吃腻了想换老口味解馋了，才认为老味道好。我不这样看，我对他说，为什么这么多菜品味道就是不如以前了呢？

“告诉你，这就是大豆油的魅力。”董长作大师一语道破，“大豆油本来是好东西，现在不少人不用了，真可惜。现在大家都用色拉油，色拉油色清无味，跟大豆油比，就像少了些什么，质量差一点儿的油，做出的菜品就更不敢恭维了，是否健康呢？”

“老大连的馆子味儿，其实就是以大豆油为主炒出来的菜味儿。”这话听起来像是一种概括，虽不一定准确，但我在不少大连厨师圈子里都听到过这句话。

“有人说，大豆油脂肪酸含量太高，对人体健康不利。”我把听到的话说给他听。

“胡扯！”他摇摇头。

董长作大师有一个明显的特征，记性很好。他说，他看过这方面的资料，大豆油是中国人生活中主要的食用油之一。大豆油中的脂肪酸主要是不饱和脂肪酸，这是好的脂肪酸啊，其中大约亚油酸占52%、亚麻酸占6%、油酸占36%。大豆油的营养价值比较高，能降低胆固醇，含有卵磷脂和维生素E，有抗氧化作用，不易酸败，亚麻酸能降低高血压、血管栓塞、心脏病的发病率。大豆油中含有丰富的优质蛋白质、铁、钙及B族维生素，是人的膳食中优质蛋白质的重要来源。

嗞啦嗞啦的大豆油在锅里沸腾，厨师们把一道道经过拍粉拖蛋液的食材轻放进油锅，一会儿再轻轻捞起，放在盆盆罐罐里控油。有的厨师等油达到了七八成热，再将炸过的食材放进去。

椒盐船丁鱼

董大师说，炸，是鲁菜多种烹饪技法中的一大骄傲。鲁菜中炸的菜占的比例几乎超过一半，清炸、干炸、软炸、板炸、酥炸、卷炸、脆炸、松炸等各种炸法，让人在炸出的香气中品咂不停。在济南官府菜和胶东帮海鲜菜制作过程中，炸的肉类菜和海鲜菜精彩迭出。

清炸是将原料经过加工处理后，无须上浆挂糊等工序，用调味料将原料腌渍入味，然后投入油锅旺火加热成熟，体现的是外焦脆内鲜嫩、清香扑鼻的特点。就说清炸虾段吧，是鲁菜清炸菜中连炸带快炒的一道菜品，它很早就被山东李姓师傅带到了北京。它过去是京城里有名的鲁菜经营者“八大楼”之一“安福楼”的一道看家菜，也是当年胶东半岛鲁菜发祥地的一道代表菜。这道菜在大连多年都卖得不错，有人虽然改造过，换过不少新菜名，总体做法还是老菜特点。

炸香椿鱼卷

干炸和软炸有些相似，都是把切配好的原料经腌渍入味后，再拍粉或挂糊，入油锅两次，投入旺火热油中加热成熟的烹调技法，特点是外焦里嫩、色泽金黄。不同的是，干炸挂糊用的是淀粉或面粉做成的“硬糊”，软炸是将质嫩而形状较小的原料先以调味料调和，再入热油锅中慢慢炸熟的烹调技法。软炸出锅特点是外香软，里鲜嫩。干炸与软炸相比，都是炸两次，但油温比软炸高，而软炸首次油温不低于四五成热，原料逐片下锅，复炸上色，油达到六七成热时，炸至浅黄色即可。要注意的是，初炸与复炸的间隔时间不宜过长，防止原料回软。操作中手的动作要轻拿轻放，防止原料碎裂及脱糊。

因为干炸与软炸的相似性，有的炸菜经常混淆。举个例子，大连人至今都很喜欢的软炸里脊，其实都是干炸里脊，而有不少菜馆一直写成“软炸里脊”，做法却就是干炸：将猪里脊肉切成长条，加入精盐，用料酒抓匀，挂上用鸡蛋、淀粉与面粉调制的“软糊”，勺内放油烧至六七成热时，放入挂匀糊的里脊肉，炸熟后捞出，等油再升至七八成热时，再投入里脊冲一下，直到炸成金黄色时捞出，沥油装盘，带椒盐上桌。特点是色泽金黄，肉香外焦。

董长作大师在厨房油锅前，一边做着示范，一边侃侃而谈。

“说板炸大连人不太懂，一提到造型漂亮的油炸菜品时，你就明白了。

板炸富贵虾

板炸关键在于食材能改刀，有造型。”董大师又在解释鲁菜的板炸：将原料经刀工处理成片的形状，加调味料入味，然后拍淀粉、面粉或吉士粉等，裹上鸡蛋液、面包渣，压紧按实，投入大量的热油中炸，这就是板炸的烹调方法，盘式的特点是整齐划一，色金黄，外香脆，内软嫩。板炸菜品要求有造型，选用的原料易于改刀成型，在保证菜肴质量的前提下，最适于大批量制作了，存放的时间也相对较长，基本口味靠蘸酱，有点像西餐，蘸酱多是番茄沙拉酱、蛋黄酱等。

大连这片海的水温凉，主要靠渤海，渤海湾大对虾是最鲜美的了，这些年不断出口的渤海湾大对虾，让不少外国人早已耳熟能详，垂涎欲滴。

“咱就说一道大连人挺认的菜品——炸黄金大虾吧，做法是将渤海湾大对虾去头去皮留尾，从脊背剖开至腹部，使虾成大片，剔去虾筋，在虾的肉面剞十字花刀，加入盐、胡椒粉、料酒、葱姜水腌渍入味，将大虾逐个蘸匀淀粉，拖上蛋液，按上面包渣即成。勺内油烧至六成热时，将虾放入，中火炸到八成熟，捞出沥油，造型摆在盘中，带番茄沙拉酱上桌，造型美观和鲜咸香酥是它的特点。”

董大师在向我介绍这道菜时，嘴里不时发出诱惑的吧嗒声，那是一种感慨的、享受的声音，绝非作秀。我转过身去，咽回险些流出的口水。

脆皮沙拉海鲜卷

鲁菜的酥炸，是将处理好的食材在调味煮熟或腌味蒸熟处理后挂糊或拍粉，下入油锅炸透成菜。菜品特点是外酥香，内软嫩，肥而不腻。酥炸的食材很广泛，动植物食材都可以，“酥糊”特别重要，由面粉、蛋黄、老面或发粉、色拉油按一定比例调制而成，油炸后口感酥松，有别于脆皮糊。酥炸煮的原料在炸制前一定要控净水分晾干，防止在炸的过程中发生“水炸”伤人。蒸的原料应先用调味品腌渍，腌渍的时间应根据原料质地的老嫩而定，而煮的原料直接加入调味料煮熟即可。像香酥虾仁，就是将处理好的虾仁用盐水腌渍后挂酥糊，入七成热的油锅，炸成金黄色捞出沥油装盘，鲜香脆嫩，味道很足。

如果你想打动女孩子的心，就给她做一道脆皮沙拉海鲜卷。

现在大多数女孩子都喜欢吃卷炸食品，大连的女孩子也是如此。卷炸美食像一汪清泉，让食客顿觉清新舒爽。常见的卷炸美食有炸春卷、炸三鲜盒子、炸韭菜盒子、炸鱼卷、炸甜品、脆皮沙拉海鲜卷等。鲁菜留下的卷炸技艺，是将加工成片、丝、条、粒形及泥蓉状的无骨原料加入调味品拌匀，用皮料包裹或卷裹起来，再入油锅用温油炸熟的技法。特点是外酥脆，内软嫩。包卷的皮料分为两部分，可食用的皮料有鸡蛋皮、猪网油、腐皮、面皮、鸭皮、肉片、糯米纸。

不少厨师说，卷炸菜是女孩子的最爱。这话虽有些调侃意味，但我信。鲜爽软嫩，酥脆香甜，别说女孩子，大老爷们也喜欢！

“吃过脆皮大肠吗？”董大师问。

“吃过，肠皮酥脆，肠香嫩糯。”我回忆着形容。

“说得不错，你觉得它与九转大肠比有什么区别？”

“九转大肠香气的复合味儿较稠较重，入口酸、甜、香、辣、咸五味俱全，色泽红润，看着漂亮，质地软嫩，口感极佳。虽然是一道鲁菜名菜，菜名也很吉祥，但在现在人的眼里，过于味重腻人，不太符合现代健康饮食理念。我认为脆皮大肠是从九转大肠演变过来的，和九转大肠比工艺更简化、味道较清香、口感不腻人、健康理念好。”我试着表达自己的观点。“说得有点感觉，”董大师用漏勺捞出炸成金黄色的大肠段，控了会儿油，轻掂了几下，“脆皮大肠算是演绎过来的一道老菜，是一道脆炸菜，在鲁菜中名气很响亮。脆炸是将带皮的原料用开水稍烫一下，表面挂匀糖，晾干后放入热油锅中，慢火加热，炸至淡黄色，离火浸熟的一种烹调技法。脆炸菜的特点是外皮香脆，肉质鲜美。像整只鸡、整只鸭等，都可以脆炸。脆炸与脆皮炸是两种不同的烹调技法，脆炸无须挂糊或拍粉。”

他接着说：“上海人的红烧圈子，有些接近鲁菜的九转大肠，浓油赤酱，颜色和九转大肠差不多，但口味没有九转大肠重。脆皮大肠大连人现在有时也叫‘炸圈子’，体现的是现代人清淡健康的饮食风格，所以，眼下挺流行。不过，我觉得脆炸菜用的油还应该是大豆油好，因为大豆油的香味饱满，炸出的馆子味儿很地道。”

我尝了尝大师亲手做的这道“炸圈子”，老菜的大肠香味依旧，真可谓“清香爽脆一相逢，便沉醉，美味意境”。

“师傅，坏了！”正唠着，董大师的一位小徒弟突然惊叫起来。

我们急忙转过头去。

原来是准备做松炸菜，下进油锅的几块猪里脊肉要炸焦了。董大师火了，吼着：“快捞出来！松炸哪是这么炸的？”

我问什么叫松炸，他说，松炸是把原料加工成小型的片、块、条等形状，调味后挂上蛋清糊，用小火温油慢慢炸熟。他下意识地摇了摇头：“现在有些年轻人都不会干了。”

“炸的菜品这么多？”我惊奇地问。

“多着呢，还有一种炸统称辅助炸，也叫油浸、油淋、油泼，针对的主要是鲜嫩的食材。把鲜嫩的食材用调味品腌渍好，放在漏勺里，再放入七八成热的油锅中，等油烧到冒青烟时，用手勺将油不断地浇在食材上，称为油泼。随即把锅端离火口，再慢慢把食材浸熟，特点是操作简便、食材鲜嫩。”

这次进董大师的厨房真值，我知道了鲁菜仅炸菜一项就这么多烹饪技巧。更重要的是，老大连的味道就是这么烹饪出来的。

“讲了这么多鲁菜的炸，是因为油炸的菜在鲁菜中占的比例比较大，福山师傅将这些带到大连后留了很多给大连人，基本都成了大连有名的老菜，像炸蛎黄、软炸里脊、樱桃肉、生大烤、糖醋黄花鱼、炸虾仁、熘鱼块等，而老鲁菜用的油，基本就离不开大豆油。”

脆皮大肠

我恍然，炸的菜品和我们大连老菜关系这么大。这一道道的老鲁菜无论怎样变化，都离不开大豆油带来的香味。

海兔炖茄子

他凭着多年的经验告诉我，植物油都有好消化、容易吸收、含有维生素E和其他抗氧化成分、不含胆固醇这几个优点。很多人以为只有某几种油不含胆固醇，只有橄榄油才容易吸收，这是上了广告的当。

炸、炖、煮的菜肴，用大豆油最好，炒菜的话尽量控制油温，别冒烟。棕榈油胡萝卜素最丰富，由于饱和程度高，耐热性相当好，长时间受热后氧化聚合少，用在各种煎炸食品当中最美味。花生油富含维生素E，味道好，耐热性也不错，适合用来做一般炒菜，缺点是用量一旦太大容易产生可致癌的黄曲霉毒素。橄榄油是名声最好的油脂，含有80%以上的不饱和脂肪酸，其中有70%以上的单不饱和脂肪酸，能降低血液中的“坏胆固醇”，升高其中的“好胆固醇”，所以特别受到世界人民的赞誉，橄榄油用来做凉拌菜清香可口，用来炒菜、炖菜也完全没有问题。不过，市面上的进口橄榄油的掺假现象也要引起注意。茶籽油单不饱和脂肪酸的含量达到80%以上，比橄榄油高，还含有丰富的维生素E，耐热性较好，适合用来日常炒菜。玉米油以多不饱和脂肪酸占绝对优势，亚油酸含量最高，通常不是非常耐热，适合用于加热时间较短或者加热温度不到发烟点的烹调，最适合用来做沙拉。米糠油是高档炒菜油，它的特殊优势是含有米胚中丰富的γ-氨基丁酸，有一定的抗焦虑作用，对控制血压有益。葵花子油耐热性好，用于一般炒菜效果不错。芝麻油又称香油，是白芝麻或者黑芝麻中榨出的油脂，芝麻油的优势在于它沁人心脾的美妙香气，因为香油不能高温加热，只能用于凉拌、蘸料，或者做汤时添加，所以它也是健康低脂烹调的最佳伴侣。核桃油和芝麻油一样，食用时一定不要高温加热，最大限度地保持其健康成分。

好味道是离不开食用油来加工烹制的，好味道是跨越时间与地域的，迷人的大连老菜好味道，多年后给大连留下了多少具有城市品牌魅力的老馆子？

西岗区，大连街不少老馆子的根儿

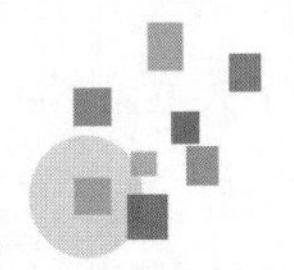

久远的老菜味道一旦飘至眼前，总是久久地挥之不去，让你在记忆和想象中感动与思考。

站在天津街不太热闹的街心，我眼前老是浮现出连小朋友都知道的那幅《清明上河图》。虽是北宋一幅巨卷风俗画，但张择端用那精致的工笔描绘的清明时节北宋汴梁以及汴河两岸的繁华景象和自然风光，却是一般画家望尘莫及的。我印象最深的，是这幅长卷上那疏林薄雾之中，掩映着的茅舍、木桥、流水、老树、扁舟、繁忙的汴河码头、热闹的市区街道，街道上那些茶坊、酒肆、脚店、肉铺、庙宇、公廨……虽景物繁多，巨细无遗，却并不显得琐碎繁缛，反而让人佩服画家对大场面宏观把握的能力。这多么像20世纪二三十年代的大连天津街啊，大连酒馆饭店遍街林立，各家酒楼名厨大放异彩。老辈厨师讲，那是大连早期饮食业的黄金时代，那时才叫各种美味八面飘香哪。

那年月，大连人把饭店叫“饭馆”，把去饭店吃饭叫“下馆子”，这个叫法也是从山东传过来的。老大连人至今还把好的饭店叫作“好馆子”，一点不含糊。当时大连最有名气的四大饭馆有群英楼、泰华楼、共和楼和登瀛阁，也叫“三楼一阁”，此外辽东饭庄和扶桑仙馆等也颇具名气。遗憾的是，七八十年过去，四大饭馆早已人去楼空，成了旧梦远影。群英楼离开了天津街后名气大不如前，民主广场附近的泰华楼也早早拉下时代的大幕，位于天津街新四川饭店对面的共和楼在20世纪80年代前就不见了踪影，扶桑仙馆即使在父辈的梦里也不再有了。还不错，辽东饭庄在城市的不断变迁中保留了下来，就是后来的大连饭店。

董长作大师告诉我，他就是老大连饭店走出来的厨师。他的师傅于国桢，多年前也是从这里起家成名的。在这里，大连走出了一批有经验有水平的鲁菜师傅。

那时候的大连饭馆多牛啊。就说原来老动物园里的登瀛阁吧，这个酒楼的建筑是一座别致的中国古典建筑，到这里来吃饭的，名商大贾、军政要人，无不对这个馆子的菜品连称地道。据说，李鸿章的儿子李经方还是这家饭馆的股东呢。

这个著名的饭馆在几十年前的城市变迁中被拆除了，永远地不见了。

提到杏乐天，恐怕现在许多大连人都不知道。直到现在，我们也不可能找到西岗区福兴里那家特有名气的饭馆杏乐天了。那家店的旧址就在华

昔日的天津街

红烧海参

胜街33号。我从搜集到的有限的资料里知道，这杏乐天太厉害了，也是山东人开的，他叫迟元亨，也是一位鲁菜大家，据说鲁菜做得风味纯正，总被回头客叫好。他还在民权街（当时叫刘家屯）开了分店，拿手菜是“海参肘子”“红烧海参”“扒通天鱼翅”“熘黄菜”“摊黄菜”。他还培养了许多鲁菜厨师，当时日本人经营的辽东饭庄鲁菜名噪全市，用的厨师都是从他这里重金聘请的。新中国成立后，辽东饭庄改为大连饭店，鲁菜做得依然是最好的。后来大连街最具名气的烹饪界老前辈于国桢、于润德、张传本等人大都出自于此。这一切，真得感谢开杏乐天的福山人迟元亨。

有一道老菜，如今不少厨师都不会做了，叫“熘海蜇皮”。当时，全市仅有一家饭馆会做，而且做得特地道。这道菜难在火候上，一不小心，海蜇皮便会化成汤水。而这家饭馆做的熘海蜇皮，皮是保持原样的，味道是鲜美的，日本人为吃这道菜，几乎挤破了这家饭馆的门。另外，他们的“炸八块”和“熘黄菜”当时也是没人敢比。于是，大家记住了这个来自大连金州的叫林国斌的经理，记住了这家当时位于西岗区的以擅长烹饪金州辽菜出名的红杏山庄。

遗憾的是，“文革”浪潮中，这家有名的饭馆连同那道令人赞叹的“熘海蜇皮”一起消失了。

不怕千招会，就怕一招绝。

那时候的饭馆，都有自己的看家本领。想想如今大连街头一些餐馆千篇一律毫无自己特色的餐饮经营，不知该属进步还是退步。

大连人都知道，改革开放后，一些被恢复的名气较大的老馆子大都集中在中山区一带。而不少大连人不知道的是，这些老馆子在解放前后主要集中在西岗区东关街至香炉礁一带，也就是说，大连餐饮的黄金起家地段，是在老西岗区。西岗区，大连餐饮真正成长的地方。这么说，我觉得一点也不过分。

当年除了西岗区杏乐天的豪华鲁菜和红杏山庄的“熘海蜇皮”等金州辽菜外，西岗区日新饭店的西餐当时也很有名，饭店隋经理独创的拔丝冰淇淋名气很大，食客们没有不知道的。有时候，一道菜就能让一个餐饮店的生意兴旺起来。据史料记载，许多人就为了吃上这道拔丝冰淇淋，从大老远的地方赶来。大家都想看看，这么难做的菜是怎么回事。而且发展到今天，人连人一提起拔丝冰淇淋，仍然有一种新奇的感觉。

在大连日航饭店对面胡同的拐角，中山区吉庆街39号（原天津街173号），有一间看上去有些破旧的临街民宅，窗口上面挂着一块极不起眼的老牌子：四云楼烧鸡。对年轻的大连人来说，四云楼的概念是非常模糊的，况且就这么一个区区的窗口小破店。他们哪里知道，这个破旧的门脸房上面那块更加陈旧残损的牌子，指的就是老大连赫赫有名的菜馆四云楼。只不过，现在的它，成了实实在在的烧鸡店了。

四云楼早年在西岗街和华胜街交会处，和比较有名的普云楼紧挨着，与当时沙河口区的正阳楼、东亚楼一样，都有一大批有名的厨师，特色就是本地菜加鲁菜。这四家饭馆也是大连当时的名店。四云楼不光菜做得好，而且集多家风味之所长，每种风味尽量做到味道第一、营养兼顾，烧鸡就是他们很有名的一道菜。

四云楼的烧鸡做法很讲究，一般选用一年左右一公斤以上的毛鸡，停食饮水半天后宰杀，放血后，烫好煺毛，洗掉老皮，取净内脏，将两只鸡腿交叉插入鸡腹晾干，均匀地抹一层饴糖稀。炸鸡时油温保持在八九十度，炸到鸡呈金黄色为佳。再将配有葱段、姜块、香菇、桂皮、花椒、陈皮、丁香、白糖、食盐等十几种调味料的料包塞入鸡肚子里，用陈年老汤煮鸡，先高温卤煮，后小火回酥，以求肉烂而丝连，捞鸡时要小心细致，防止破碎，影响造型。

烧鸡本来不属于大连菜，四云楼把烧鸡和扒鸡的优点兼收并蓄，做成自己的菜肴，从这个侧面能够看出大连菜早期就形成了海纳百川的大气风格。就像今天的大连菜，明明是从鲁菜起源而来，却依然被国内外好多美食家认定为有自己城市的特色。

当然你也不会想到，当年光彩照人的四云楼时至今日只能靠烧鸡艰难度日。你更不会想到，除了四云楼还有一块牌子外，那三家名店至今已不见了身影。

和全国所有城市一样，新中国成立以后，为发展餐饮业，大连市政府成立了专门的饮食服务公司，统领全市的餐饮行业工作。当时的饮食服务公司为丰富和发展大连餐饮市场，采取“走出去，请进来”的方法，多批次派人到全国各地学习各种菜系的技艺和特点，于润德、于国桢、牟传仁、吴永峰、陈生发等先后撑起了具有特色风味和不同菜系特点的饭店，像天津街上做川菜的四川饭店、做扬州菜的苏扬饭店、做宁波菜的山水楼，西安路上现中央大道旁做老鲁菜的红旗饭店和做回族清真菜的西安饭店、做天津风味狗不理包子的包子铺等，以适应大连这座新兴城市中来自不同地域人群的不同口味需要。在引进异地风味的同时，大连餐饮业界人士也结合大连当地的原材料和大连人的口味，不断推陈出新。

在大连饭店，周恩来为百名将军授衔

有时候，当知秋的落叶带着沙沙的响声在路面上滚动，发出的并不一定是悲哀的声音，而完全有可能是在展示自己曾经拥有过的成功与辉煌，尽管，她或许已经彻底苍老寂凉。面对眼前的大连上海路6号的大连饭店，我虔诚肃立与她默默相望。

董长作大师和他的师傅于国桢老人，都在这家饭店工作过许多年。大连饭店诞生于1930年，最初叫辽东旅馆，由日本人山田三平开办。旅馆高达6层，成为大连当时亮丽的建筑景观。那时，大和旅馆属于大连国际性的高级宾馆，辽东旅馆则属于最方便时尚的商业宾馆，两家旅馆在大连举足轻重。

那时候，辽东旅馆在东北的知名度很高，达官显贵出入频繁，当时的“四大名旦”之一程砚秋在1932年1月赴欧洲考察前一天从天津塘沽搭乘日轮“济通丸”赶到大连，特意直接来到这里下榻，就是为了感受一下辽东旅馆的魅力，第二天才乘船离开大连。

当时大连有三大著名的百货商店——辽东百货店、三越洋行和几久屋，辽东百货店就在辽东旅馆一楼。

随着大连的解放，辽东旅馆被改为辽东饭庄。东北地区完全解放后，这里又改成了关东饭店，隶属于关东海外贸易服务社，负责支援解放战争和解决大连粮食供应问题。1949年，正式更名为大连饭店。在渤海饭店建立起来之前，它一直是大连最高的城市建筑。

大连饭店还有另一个最高的象征——大连烹饪大师戴书经大师和董长作大师共同的师傅于国桢。于国桢1908年出生于山东福山，不仅是一位德高望重、烹饪技艺高超的国家特一级鲁菜大师，还是辽东饭庄到大连饭店成长变化的历史见证人。他在1990年去世前曾是省市劳动模范、省烹饪协会理事、大连海味馆技术顾问。1930年开始，他先后在大连市共和楼、扶桑仙馆、辽东饭庄、中兴楼饭店任厨师。他在辽东饭庄工作时间最长。1956年后，他在大连服务公司工作，后又到惠宾餐厅、海味馆、市商业学校任厨师，直到1985年退休，一直是大连餐饮顾问，曾编写了《大连菜谱》1至4册。他的“灯笼海参”“葱烧海参”“松鼠鲤鱼”“蒜蓉虾夷贝”等，形成了一种独特的大连海鲜餐饮风格，在国内享有一定的知名度。

虽然大连菜衍生于鲁菜，可细心的人却发现其又与鲁菜有着很大的不同。以海鲜食材为主的大连菜肴，更倾向于原汁原味的鲜咸风格，辽东饭庄的大连菜，正是这样别具一格的代表。当时饭店天天高朋满座，盛极一时，从这个侧面，于国桢大师和他的同伴们看到了大连风格鲁菜的潜在市场。

一家饭店一年中名人政要出现的次数越多，这家饭店的品牌影响力与经济效益就会越好。

看看当时的那个辽东饭庄，我们不得不为今天大连饭店的苍凉感到遗憾。周恩来、宋庆龄、萧劲光、茅盾、李济深、朱蕴山、章乃器、彭泽民、邓初民、洪深、施复亮、

历经大半个世纪的大连饭店

蒜蓉虾夷贝

梅龚彬、孙起孟、吴茂苏、李民欣等这些让我们至今仍耳熟能详的名人政要，都是这里的贵宾，并对饭店细致的服务和可口的饭菜给予了很高评价。当时六楼餐厅主要经营鲁系名菜，并在鲁菜的基础上独创大连特色，成为大连菜的始创。“红烧海参”“松鼠鲤鱼”等一道道美味可口的饭菜，至今还在大连饭店的老顾客心中留下美好的回忆。这里曾经是大连市许多大型宴会的首选之地，先后多次承办了大连历史上重要会议的食宿工作，服务质量之高为同业所折服。

有一件事让曾是大连饭店老职工的董长作大师想起来就感慨，当然这是更老的职工告诉他的。

那是1959年，在辽东百货店旧址创建起妇女儿童用品商店后，天津街逐渐恢复了往日繁华的商业气氛。有一天，一列车队来到大连饭店。第一个下车的是周恩来总理，身后是100多位将军，他们走进了饭店宽敞明亮的会议大厅。后来才知道，是周总理在这里为许世友等100多位中高级将领授衔。对大连饭店来说，这是一个多么璀璨的历史瞬间啊！

“这都是品牌力度呀，大连饭店应该崛起呀。”我对董大师说。

“我相信会有这一天的。”他的神色坚定，“大连人对老天津街一往情深的关注以及这条老街悠久的商业文化，一定会为大连饭店的重新振兴带来兴旺的人气。”

据说新版天津街上的新版大连饭店，将从振兴“大连老菜”起步。饭店正在推出上百种宴会菜牌，其中，大连菜约占80%。在这里，客人不仅会品尝到“火龙鲜串”“三鲜葫芦大虾”“彩蝶戏牡丹”“芙蓉蟹斗”等鲜美的海味珍品，还会品尝到各种传统的海鲜贝类精致小炒；过去难以登上大雅之堂的海红、波螺等，在饭店厨师们的手下也跟着重新“精神”起来，用饭店一位全国特级厨师的话说，这叫“小海鲜，大吃法”。此外，饭店还推出了一部分大连人喜爱的粤菜、川菜，甚至还有农家菜。

红烧海参

泰华楼，你快回来

一个城市最经典的记忆，经常是从最经典的味道开始的。

说到大连老菜，不能不说红烧海参。红烧海参本来是一道典型的高档胶东鲁菜，大连人却在下意识中把它当成了自己城市的菜肴。这不奇怪，黄渤海本来就在大连和山东境内，海域的美味相似是必然的。而大连人把海参当成自己的菜也不奇怪，在《本草纲目拾遗》中提到的天下第一滋补海珍品“奉天海参”，指的就是辽东半岛大连黄海沿岸的长海县和金州区一带的刺海参。任何一个外地人来到大连，如果问起大连有什么好吃的菜，热情好客的大连人一定会立即告诉他是红烧海参。

海参菜做得好，历史上当然还得数福山人了。山东福山当时还有一个美称叫“烹饪之乡”，这也是福山厨师在全国受欢迎的原因之一。在北京丰泽园饭庄做技术总监的王义均，就是福山人。1945年他来到北京，在北京著名的“八大楼”之一的致美楼饭庄学徒。1946年，经当时的北京名厨吴行官举荐，王义均师傅来到当时名师云集、以正宗鲁菜享誉京城的丰泽园饭庄学徒，从此迈出了成为鲁菜大师的第一步。他不仅多次被点名指派为国内外贵宾主厨，还多次在国家的安排下到国外表演推广中国鲁菜厨艺。他在海参烹饪方面尤其深得创新要领，被人称为“中国海参王”和当代中国鲁菜泰斗。

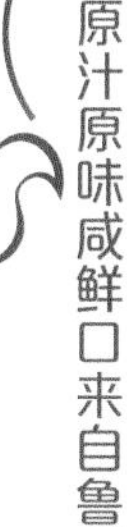

他的拿手菜也是丰泽园饭庄的当家菜“葱烧海参”，经他与师傅等人反复研究改进，从色、香、形诸方面有了质的飞跃，成为一道质地软润、色泽光亮、味道鲜美、葱香浓郁、食后盘内极少余汁的名菜，大受欢迎。

创办于1930年的丰泽园饭庄，葱烧海参做得最好，是北京当时最好的鲁菜名店，现在也是北京名店；而创办于1923年的大连泰华楼，红烧海参做得最好，是大连当时最好的鲁菜名店。

当代大连海参菜做得最好的人，首先当数戴书经大师了。他和国宴大师董长作是师兄弟，都是鲁菜大师于国桢的弟子。被餐饮界誉为“戴派海鲜”创始人的戴书经尤其喜欢在海参菜方面进行研究，可谓痴迷。戴书经研究了50多种海参烹饪技法，其中“灯笼海参”在国内有着很高的知名度。

“海参菜应该在遵循传统做法的基础上，根据时代的需求有所创新，在色、香、味、形方面，满足人的饮食欲望。”戴书经大师总结了几十年做海参菜的心得。

我注意到，他的灯笼海参讲究咸鲜软糯，造型逼真，品质华贵，色彩分明；太极海参讲究形态神似，古色古香；桃花海参讲究浪漫造型，食味鲜美；玉扇海参讲究古朴典雅，造型美观。50多种海参的烹饪技法，他在传统厨艺的基础上进行大胆创新。像桃花海参的五朵围边桃花，用的是改刀虾的中段下锅清炸成桃花状，如一幅生动的水彩画，能让人心情极为舒朗。

大连另一位海参菜做得好的人，当然就是董长作大师了。

我曾品过不少酒店的海参菜，要么烹饪功夫不行，卖相很差，汤汁横流；要么口感不好，食材太差。大连宾馆烧的海参，永远透着贵族的气韵。

戴书经作品——灯笼海参

在大连棒棰岛国宴餐厅厨房，在谈到海参菜的颜色时，董长作大师说，有一些酒店厨师做葱烧海参或红烧海参，不大讲究色，黑了吧唧，像块臭油子（沥青），在盘子里放一会儿汤就全淌出来了，这是质量最差的海参菜。海参烹饪应该重红烧，用好酱油炒糖，这样才能熬出色泽鲜艳的海参来。不仅炒，煨海参时也要注意海参着色的均匀，这是因为海参各部位厚薄不同，所以要细心，才能整体红亮鲜艳，让人食欲变旺。另外，海参菜要想香气诱人，红烧时必须用好葱油。鲁菜泰斗王义均三个步骤的用葱法目前效果是最好的：先用清油炸制好葱油（要尽量选用白嫩、多层的山东章丘大葱的葱白，烧到呈金黄色时捞出备用）；红烧海参时，用制好的葱油炝锅（开始要少放，可分三次放），在烧制时再将葱油加足（做到使味渗透至海参里部，又不剩油）；在海参装盘后，再淋入热葱油，并将炸好的葱段围点装好。这样烹制出的海参菜，从厨房端到餐桌，葱香不断，浓烈诱人。海参的味道也很重要，味是菜的灵魂嘛。有些厨师做海参，都是用热水焯过后马上烧制。真正入味的烧制方法是，海参用热水焯过后，再另起锅用入味清汤烧制，这样烧出的海参葱香味足，鲜味浓郁，让人吃了还想吃。

正说着，大连棒棰岛宾馆烹饪大师、董大师的弟子庄欣文，将烧好的一份葱烧活海参端了上来。还没有放下，我就闻到了一股浓浓的葱香味道。

“海参卖相暗红鲜艳，白绿葱脖点缀盘式，匀汁造型宛若水墨，口味清、鲜、脆、嫩、纯。”我细品评论，有些失了规矩，“我觉得比上次咱俩在北京那个烹饪大师那儿吃的那道烧海参好多了，庄欣文的水平基本接近您老了。”

我指的是和董大师2010年5月去北京办事的某日。那天我们去北京看一位餐饮界的朋友，第二天朋友安排我们俩来到北京最火的一家餐饮店。这家店的烹饪大师是中国鲁菜泰斗王义均的徒弟，美食理念很新，菜品讲究中餐入味的口感和西餐博人眼球的艺术盘式，全国好多厨师长都坐着飞机去学。那天厨师上了一道烧辽参，我一直还记得，那道海参菜色有些重，不鲜亮，味道过咸。当然，整体菜品确是一流、上乘，新颖夺目。

“好海参菜，就应该是这个感觉。”董大师点头说，“曾经听师傅于国桢说，当年泰华楼的红烧海参是最棒的、没人能超越的，或许，就是现在北京丰泽园饭庄的档次和品位？”他好像是在问自己。

根据部分老人的回忆和有限资料分析，泰华楼的位置就在现在的大连日航饭店斜对面。据史料记载，泰华楼在一家中国人开的广生行化妆品商店东对面，而那家化妆品商店的西边就是现在的大连日航饭店。

鲁菜在中国北方红火，是因为它是传统四大菜系之首，并且鲁菜非常

泰华楼的古董煤雕鹰

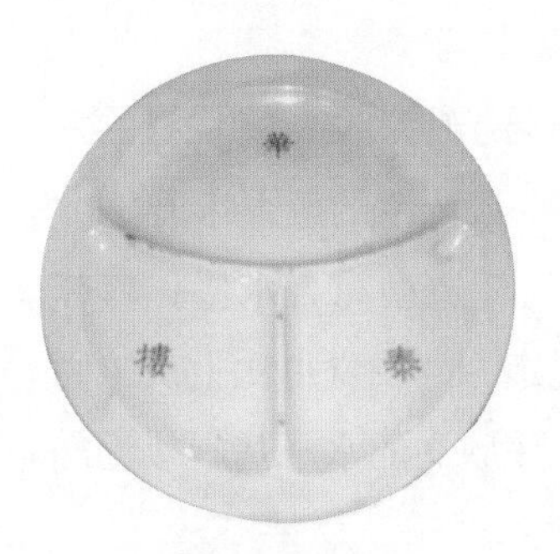

泰华楼的盘子

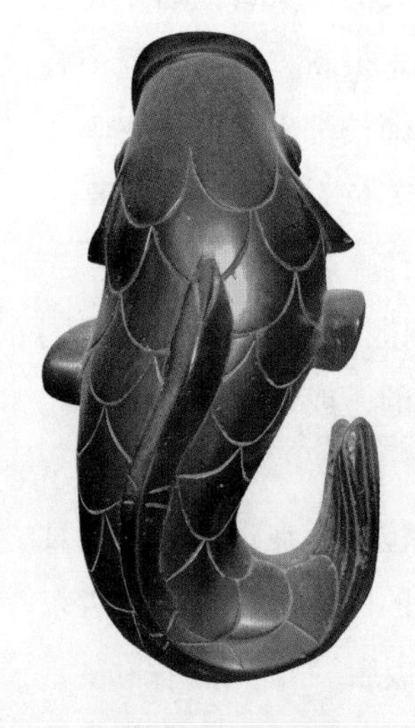

泰华楼的古董煤雕鱼

合中国北方人的口味。丰泽园饭庄让当代人都记住了“中国海参王”王义均，泰华楼当年做红烧海参名气很大的鲁菜大师董仲田却被几代人淡忘了。有人说大连宾馆国宴大师董长作是当年泰华楼鲁菜大师董仲田的家族后人。我问过董长作大师，他不置可否地笑笑。我多年前就知道他是一个十分低调的人，所以他越不口头承认我越是疑惑不停。无论怎样，不一样的人文历史环境，就会有不一样的文化历史结果，京城美食文化的蓬勃延续，让我们看到了大连美食文化的差距：不知存在了多少年的泰华楼如今能否真正回来？

大连不少老人都讲过，当年大连街上最好的饭馆便是泰华楼。据《中国鲁菜文化》记载，泰华楼是一家真正意义上的福山鲁菜名店，店中福山籍贯的服务人员最多，人称“活算盘”的账房先生王建富，外号“钟老四”的当灶钟培欢和他的徒弟吴运祥，掌墩的赵作福、柳树勤、苏正汗、郭世奎、王有堂，大灶师傅董仲田，跑堂的张学增、宁慧芳、于德溥等，都是烟台福山籍人，这就是一群福山人在大连开的鲁菜酒楼，这样说毫不为过。

说泰华楼的红烧海参做得好，绝不是吹嘘。泰华楼每天要发制上百斤的海参和玉兰片。现在大连的社会餐饮酒楼，除了宴会，一天能发制三五十斤海参就不错了。另外，几乎每天都会有许多身份不同的耀眼人士来到泰华楼，必点这道红烧海参。

我们曾经在日本电影中看过这样的镜头：一个电话，餐厅伙计就会骑着自行车把饭送来，那伙计骑自行车时可以一手端着餐盘，很是惊险潇洒。爷爷辈的长者看到这样送餐的镜头，就会说，那是日本人侵占大连时跟泰华楼的伙计学的。

遇上泰华楼大厨的后人是在2012年11月19日。

那天，我在大连彦年洗浴中心对面的傅家庄海鲜大排档（海鲜大酒店）偶然巧遇相识了泰华楼当年菜墩大厨郭世奎的孙子郭庆。他听说我在寻找泰华楼资料，拉着我到他家看爷爷郭世奎当年留下的泰华楼纪念品：一只印有“泰华楼”字样、中间带“Y”字隔断的盘子，一只煤雕“跳鲤鱼”，还有其他几件坛坛罐罐，上面有一层尘土。郭庆说，这是泰华楼公私合营后，爷爷郭世奎回家时分到的几件安慰品。那些年爷爷在泰华楼做的“肉焖子”最有名，现在基本失传了。爷爷早年曾在韩国开过饭馆，回国后先回山东牟平老家从厨，后来到大连就进了泰华楼。经历过公私合营，说明泰华楼是在新中国成立后消失的。爷爷后来到了大连棉纺厂做食堂大厨，在2012年8月去世。到了郭庆这一辈，他没有继承爷爷在泰华楼的那些厨艺，而是开起了饭店。他的傅家庄海鲜大排档是大连历史上第一个海岸海鲜排档餐馆，后来升格为海鲜酒店，海鲜排档依然保留。在大连市政府的指导要求下，他的海鲜排档再次以海边浪漫的风格扩大，成为大连市不夜港工程五个海岸线海鲜排档第一个试验地，其中包括小傅家庄新建的海鲜大排档。

泰华楼当年大厨郭世奎

大连在解放前被很多被通缉的革命人士看作安全的中转站，泰华楼也成为他们聚会的场所。而另一批对立人物汪精卫、郑孝胥、蒋介石等人，也都是泰华楼大连海鲜的食客。

郭世奎的孙子郭庆展示泰华楼的盘子

傅家庄海鲜大排档（海鲜大酒店）为大连的不夜港工程增添了标志性的品牌色彩

当时的《盛京日报》曾经记载了这样一件事：1923年12月12日下午，汪精卫乘舟抵连，下午游览了当时的大连名胜后，晚上便约旧友金子雪斋、傅立鱼同饮于泰华楼。

金子雪斋、傅立鱼是大连《泰东日报》的泰斗，是当时大连文化界的风云人物；彼时汪精卫恰年轻有为，正是春风得意。汪精卫见景生情，兮若变幻，梦境异然，瞬间竟有置身欧洲小城的恍若感，不免万分感慨。

在对红烧海参等大连菜赞不绝口的同时，汪精卫留下一首《蝶恋花·大连晓望》：“客里登楼惊信美。雪色连空，初日还相媚。玉水含晖清见底，缟峰一一生霞绮。水绕山横仍一例。昔日荒邱，今日鲛人市。无限楼台朝霭里，风光不管人憔悴。”词中的大连，浮现着动感的美丽，恰似海市蜃楼。

这已经消失太久的泰华楼，让不少有些见识的大连人禁不住发出深情的呼唤：泰华楼，你快回来！

风雨百年，泰华楼阳光灿烂回来

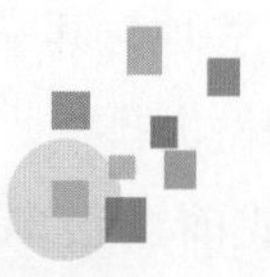

前面说过，近百年前，大连餐饮名楼有“三楼一阁”，曾经让多少达官显贵潮流名士痴迷往返。由泰华楼、群英楼、共和楼和登瀛阁组成的“三楼一阁”，各显神采，各呈特色。其中，泰华楼普遍被认为是当时老大连最好的饭店。今天，这家象征大连餐饮文化和鲁菜厨艺实力的品牌店，被蟹子楼人用数千万资金的体量，在旅顺海岸线上扛了起来，用主人孙志刚的话说：“扛起一面大连餐饮文化历史旗帜，一直是我的夙愿。”

刚开业的泰华楼，就成了旅顺美食新地标。

世界上最美妙的时刻，就是面朝大海，背靠山峦，品尝美味，感受浪漫。你驱车来到旅顺白玉塔下山坡上的泰华楼，就自然产生了这种意境。坐在金色华贵的餐厅外阳台上，对面就是弯曲而秀美的波光粼粼的海面。国内外明星、达人、游客和旅顺本地人都说，泰华楼成了欣赏旅顺最美的地方，真是个令人羡慕的好地方。

一百多年前，山东福山厨子闯关东来到旅顺，有了泰华楼的前身——大连史上第一家有镜子的酒店——镜子酒店，有了群英楼前身春字号，有了大连鲁菜的根基。后来扩建港口需要，这些福山厨师把各自经营的饭店酒楼搬到了大连市内青泥洼海边现天津街一带。1923年，其中一拨厨师招来一些福山家乡人，在长江路附近立起一家三层酒楼，起名为泰华楼。店中人马，几乎全是福山人，这些情景几乎都记录在《中华鲁菜文化》中。在新中国城市建设的脚步中，泰华楼在开满槐树花的影像中迅速成为历史的记忆，然而八面飘香的大连老菜并未逝去，亲切诱人的胶东海鲜味道依旧。

旅顺泰华楼——新复原的泰华楼保持了三层原有风貌

大连蟹子楼海鲜大酒楼老板孙志刚为了让泰华楼的文化感觉重现大连，靠着比较昂贵的文化设计，选择了在象征中国半部近代史和大连老鲁菜发祥地的旅顺口面朝大海景色秀丽的白玉山半山坡上，把北京正阳门的多面小方镜仿制过来，把当年三层欧式泰华楼复制回来，24个大小包房，南边窗外可见漂亮的海面，北边窗外可见山上有历史意义的白玉塔，大厨是做大连老菜赫赫有名的名厨初铭武，厨艺顾问是大连多年老菜叫绝并为各国元首、首长、名人做了几十年菜的中国国宴大师董长作，红烧海参、软炸里脊、糖醋黄花鱼、海味全家福等原泰华楼名菜完全还原，配上炭烧肘子、“毛血旺升级版”血受、芹菜虾球、拔丝三样等旅顺当地和国内当下部分流行特色菜，十分吸引食客，在糖醋鱼基础上创新的糖醋黄花群鱼，在保持糖醋鱼的原汁原味时，群龙腾跃，寓意喜庆，成了每天第一必点菜。每天包房几乎订满，在当下部分餐饮不景气的时候，成了旅顺一道奇景。

大连宾馆，名人的酒店

有文化品位的人，吃住与休闲经常喜欢选择有厚重历史的环境。这样看来，大连一些新人拍婚纱照、结婚，大连一些有品位或是有钱的人请朋友吃饭，选择大连宾馆，就不足为奇了。这个历经风雨洗礼难掩辉煌的大连唯一的百年餐饮住宿老店，虽然已显苍老气色，但很有皇家非凡气质的宴会大厅，地道鲜美的官府式海鲜菜，都让人惊羡不已。

如果用圆规把大连画一个圆，中山广场大连宾馆就是圆圈的圆心。

大连宾馆的前身，是日本人建造的大和旅馆。从1907年至1945年，日本人设在当时南满铁路沿线城市由满铁经营管理的高档连锁宾馆共有七处，都叫大和旅馆，均由满铁株式会社运输部旅馆课管辖，多为军政要人的活动场所。除了大连四处外，其余分别是建于1903年、今哈尔滨市南岗区红军街85号的龙门大厦贵宾楼；建于1909年、今长春市人民大街2号的春谊宾馆；建于1929年、今沈阳市中山广场的辽宁宾馆。

大连的大和旅馆共有四处，数量最多。第一处建在旅顺口，现为解放军驻军某部招待所，在旅顺口区文化街30号，建于1903年，建筑面积3796平方米。最初上层是沙俄殖民统治时期俄籍中国富商纪凤台的私宅，下层为商店。川岛芳子与蒙古王爷之子甘珠尔扎布曾在二楼举行过婚礼。1977年整修后，外部原有建筑风格现在已经消失殆尽，内部结构基本未变。第二处为旅顺大和旅馆黄金山分馆，建于1929年，几经周转后已被风雨侵蚀殆尽，保护状况不容乐观。第三处在星个浦游园，即今天的星海公园内，郑孝胥筹备建立“满洲国”期间曾在此下榻，现已不存在。第四处就是现在的大连宾馆。

大连宾馆位于大连市中山广场南侧，始建于1909年，竣工于1914年4月，是中山广场周边最为典型的欧洲巴洛克式建筑之一。现为全国重点文物保护单位，大连市首批重点保护建筑。1945年苏联红军进驻大连时临时改为苏联红军警备司令部，10月27日大连市政府在此成立，11月苏联红军警备司令部迁出，之后又更名为“全苏国际旅行社”。1950年，全苏国际旅行社被中方接收，1953年更名为“中国国际旅行社大连分社”。1956年9月，中国国际旅行社大连分社与宾馆分拆，从此开始启用“大连宾馆”这个名字。

自从意大利文艺复兴晚期著名建筑师和建筑理论家维尼奥拉设计了第一座巴洛克建筑——罗马耶稣会教堂，巴洛克建筑便在欧洲和世界流行起来。“巴洛克”一词的原意是畸形的珍珠，其特点是外形自由，追求动态，喜好

大连宾馆的前身大和旅馆

富丽的装饰和雕刻与强烈的色彩，设计常用穿插交错的曲面和椭圆形空间。这种风格反对僵化的古典形式，追求自由奔放的格调，表达世俗情趣，对城市广场、园林艺术以至文学艺术都产生了深远的影响。可以说，由旅欧日本青年建筑设计师太田毅设计的大连宾馆，正是这样一座经典的巴洛克式建筑，至今为世人赞颂。

大连宾馆中心入口是一个绿色的长方形拱式雨棚，庄重典雅而又不失浪漫情调。每到雨天，站在棚内，感受着棚外细雨微风的吹拂，舒适凉爽间，一种莫名的温馨与淡淡的忧伤同时袭过全身，这是宾馆沉浮的历史在产生作用吗？

早年间，大连宾馆门前正对着大广场处，立着一个黑色铜像，那是大连关东都督府大岛义昌的铜像。铜像立于1914年7月，表面上日本人是为了庆贺大岛义昌63岁的生日，实际上是为了宣扬殖民功绩。所以，那时中山广场也叫"大铜人广场"。伪满洲国总理郑孝胥曾来瞻仰异国主子的雕塑尊容。新中国成立后，"大铜人"随着中国人民解放的豪迈飓风永远刮向不知名的旮旯。

1914年至1945年，大和旅馆一直为日本殖民当局经营，是当时东北地区最奢华、最现代的高级宾馆。如今从细节上也能够看出它当年的奢华程度：当时宾馆的房间内就都有冷热水，二楼、三楼的房间有独立的卫生间，在宾

大连宾馆的巴洛克建筑风格

馆的五楼室外平台上，还有一个顶楼庭园，客人可在此一边享受美食，一边将广场周围的景色尽收眼底。

大连宾馆上百年来一直是个名人政要聚会之所。新中国成立前，就有黄炎培、汪精卫、蒋介石、康有为、梅兰芳、胡适、孙科等人在此下榻；新中国成立后，这里先后接待过周恩来、刘少奇、董必武、彭德怀、邓颖超、乔石、黑格、赫鲁晓夫、梅德韦杰夫、竹下登、布尔加宁、苏加诺、中曾根康弘、村山富市、加利等海内外政要。其中的208室至今保留了历史原貌，末代皇帝溥仪、孙中山的儿子孙科等人都曾在这个房间下榻过。而事实上最早的大连大和旅馆是建于俄国殖民统治时期、位于日本桥（今胜利桥）北的萨哈罗夫公馆，日俄战争后改为大和旅馆，直至中山广场大和旅馆建成为止。

名人政要经常相聚的地方，餐饮一定非常发达。大连宾馆从大和旅馆开始，餐饮也进入了鼎盛时期。那时候，大连宾馆就养成了菜要做精细、形要漂亮、味道要好的习惯，渐渐的，官府式海鲜菜便慢慢形成了，到了董长作大师这一代，他们都习惯地把这种官府海鲜菜叫作“贵宾菜”。

2011年秋天，我在大连宾馆一间办公室内看到一副花篮绶带，上书“祝母亲邵华七十一寿辰”，落款人为“儿子毛新宇”。

这个绶带是2009年10月31日晚，毛泽东的孙子毛新宇来大连宾馆时，附于花篮上的。邵华与大连宾馆结缘，那是因为她和毛岸青的婚礼就在此举行。“我想看一看父母当年结婚的地方。”毛新宇说。

大连宾馆工作人员告诉我，当时，毛岸青在南山宾馆疗养，而邵华住在八七疗养院内。经周恩来总理牵线，两人确立了恋爱关系。报经中央批准后，两人的婚礼由辽宁省政府及当时的旅大市政府负责操办，地点就在现在的大连宾馆友谊宫。

穿过大连宾馆的大堂，是由郭沫若题写匾额的迎宾厅，这原为入住客人的会客场所，现在主要是会见贵宾的接待场所。

1960年五一劳动节前夕，毛岸青和邵华在大连宾馆举行了婚礼。当天，两人在此迎见亲朋好友，接受众人的祝贺。随后，37岁的毛岸青牵着22岁新娘邵华的手，走过一段10余米长的走廊，来到当时在东北一带极有名气的欧式宴会厅——现在的大连宾馆友谊宫。

婚礼由旅大市委第一书记主持，他即席发表了热情洋溢的讲话，祝两位新人：“相亲相爱同进步，比翼双飞共白头。”婚礼简朴而热烈。来宾每

毛岸青曾在大连宾馆举办婚礼

人分得一杯通化红葡萄酒，每个人的心头都充满了甜美的醉意。

“虽然过了100年，友谊宫的婚礼订单还是源源不断，新人这样喜欢友谊宫，不仅是因为这是几代名人政要会聚的酒店，还和它的欧式结构设计以及实惠绿色的婚宴菜有关。”董长作大师一直这样认为。

“大连宾馆的菜除了造型美观外，更注重营养的搭配，做得更加细致，吃起来方便，令食客在吃相上满足文明优雅感。”董大师这样概括大连宾馆菜肴的特色。

大连宾馆在1986年和1997年两次装修后，依然保持着古色古香的神韵，吸引了一批批中外游人。除了宴请和住宿功能外，这里还成了旅游观光和影视剧青睐的好地方。尊龙和陈冲主演的电影《末代皇帝》曾在这里取景拍摄，第二年就获得了奥斯卡9项大奖，谁沾了谁的光，还真不好说。

大连小吃的移民情结

移民小吃里的包容性

徜徉在熙熙攘攘的卖小吃的街头，你恍惚间会发现，一本正经的大餐有时是那么拘束乏味缺少灵性，街头的小吃却充满了灵活自由的快感。于是，文雅地走出五星级酒店，扯开领带冲向城市小吃街，就成了现代人常见的一道风景。看起来，1500年前中国创造小吃的梁朝人将常馔与小吃分隔开来，作为两种进食品尝方式，在精神享受上是有道理的。

“你想移民吗？”

“你怎么知道？”

“看你在小吃摊儿上东西南北风味地狂吃，就知道了。”

“真逗。”

这当然是一个玩笑，不过细品品真有一些道理。

小吃的定位是指具有特定风格、特别风味的特色食品，最早可以作为宴席间的点缀或者早点、夜宵的主要食品。世界各地的小吃各种各样，风味独特。小吃就地取材，能够突出反映当地的物质及社会生活风貌，是一个地区不可或缺的重要特色，更是离乡游子们表达对家乡思念之情的主要载体。现代人吃小吃通常不是为了吃饱，除了可以解馋以外，品尝异地风味小吃还可以了解当地的风土人情。世界上每一个地区的小吃，都能够透

视出当地的人文特征。

“大连的小吃，移民色彩很浓。”

在天津街新的小吃街上，董长作大师指着长长的小吃摊儿让我看。

“你看啊，卖小海鲜的最多，大龙虾、小龙虾也不少，带壳的占了七八成，新疆大串、蛋卷春卷、鱼肉小丸子、生吃海蛎子、铁板烤鱿鱼、炸海虾、龙抄手、担担面等等，南来北往的客人，都能喜欢这里，为什么？现在的大连人变杂了呗。”

董大师说的没错，眼下全国各省在大连做生意或工作的人成立的商会就数不清有多少个。

“其实大连是一个有1800多年历史的移民城市。”我跟上一句。

“是吗？”他疑惑地看看我。

许多人都知道大连是移民城市，主要是近一二百年山东人移民大连，其实这个说法是片面的。从《大连春秋移民史》中我发现，大连移民主要来自山东、河北、浙江沿海及东北地区，另外，宁夏、吉林、内蒙古、天津、福建、江苏、河南等地的人也不少，外国人最多的就是日本人、俄罗斯人和朝鲜人了，算上改革开放的移民大连潮，共有8次。其中前7次，都是官方倡导或指令性移民。

大连第一次移民潮是在西汉汉武帝时期的公元前140—公元前86年，辽东半岛尚属偏远边陲之地，只有沿海平川少数居民过着渔猎农耕的生活，朝廷下令开发辽东，让人口稠密的齐鲁民众向辽东移民。

第二次是辽代以州县为建制，通过强制和掠夺战俘向大连地区移民10万多人，是大连移民史上人数最多的一次。这一次，有大批的渤海国（今吉林省）人被强移到大连，在今天的瓦房店、普兰店一带。1051年，辽国将攻打西夏（今银川）虏的大批俘虏移送到大连今天的甘井子、毛茔子一带。

大连农村地区有各种各样的“屯”，就是在第三次移民时产生的。元世祖忽必烈先后4次向金州、复州派遣屯田军户，加之亲眷，达15万人之多。大连人特别喜欢吃烤羊肉串、烤牛肉，特别喜欢喝羊汤，想必与这忽必烈有一定的历史渊源。到了明朝初期，由于战争不断，大连人口不断减少，朝廷继续向大连地区以军屯的形式移民。

第四次移民潮是在清朝，朝野加大了向大连移民的力度，对移民贡献较大者，一律封官加爵，愿意来大连的民众全部编入旗籍，发给田地和种子。在优惠政策的吸引下，移民的层次也越来越高。李鸿章出于“固边”防御辽东海上防线旅顺口之需，曾亲自从威海、天津招募了一批建筑方面的能工巧匠、机械技术能手，来到旅顺修筑了30多个炮台。他们的到来，也为大连经济的发展和人口素质的提高打下了一定的基础。

到了第五次大连移民，移民的史书上却溅透了血泪的斑痕。19世纪末，沙俄抢占大连后，在大连青泥洼修建商港和扩建旅顺军港，为解决劳动力不足，他们从山东、河北骗招了23768人做苦力，其中还有1514名俄国人。

第六次移民更是“苦瓜蘸着苦胆吃”，日本鬼子在大连实行了侵略性移民。从1914年日本人将19户日本农民移民到金州区大魏家镇稻香村开始，先

8次大移民造就了大连的移民小吃文化

大连许多名店就是从这些路边摊小吃开始的

后多次向大连移送日本市民，到1945年，在大连的日本人已达25万人。他们的目的，就是要把大连变成日本的另一个城市，盗贼的面孔，一目了然。1949年9月，大连市政府分了四批，才把这些日本侨民送回去。这期间，被移民的朝鲜人也有近万人。

新中国成立后的第七次大连移民，已经变成了国家有计划的移民。由于山东省重新规划建设，国家安排了一批山东人，共1500多户，移民来到大连，分别安置在金州区、瓦房店市和甘井子区的农村一带。而民国初期和三年困难时期因生活所迫流落迁移到内蒙古和东北三省其他地方的大连庄河人，在1969年基本返回了庄河和大连，在生活饮食习惯上也将东北和内蒙古风味带到了大连。

中国改革开放这40年来，自动来大连落户的国内各省市各民族的人和外国人骤然增多，成为大连离现在最近的一次移民，变成多种风味的大连美味小吃也在这个万花筒世界里不断地旋转飘香。

通过移民大潮你就会发现，大连的小吃原来是很少的，追溯到最早的战国时期，从只有沿海平川少数居民过着的渔猎农耕生活来看，也就是一点有限的海鲜做成的小吃罢了。那时候，许多人类可以食用的海鲜品种还没有开发出来。正是这8次移民大潮，发展和丰富了大连的小吃文化。

天津街小吃一条街眼下格外耀眼：海鲜串烤散发着胶东人的美食味道，麻辣小龙虾描摹着南方人在大连成功烹饪的美丽画卷，盐烤沙蚬子告诉你

酒烤棒棒鱼

铁板鲜贝串

大连小吃绝不是白给的，牛羊猪肉串串香将内蒙古和汉人风味完全融进了大连，川味盆盆螺张扬着四川人的骄傲，盐烤秋刀鱼让这日本风味彻底被大连人统治、改良在舌尖，炒米粉和小笼包在北方市场分羹简直“明目张胆”，煮毛豆和炸花生让东北人和山东人血脉基本相连，大连三鲜焖子上大雅之堂还得感谢山东兄弟，新疆大串满城飘香不知道该谢银川人还是新疆人……还有香喷喷的俄罗斯“大列巴”面包、香气浓郁的泰国咖喱饭、香甜精美的印度抛饼、干爽醇香的德国烤肠以及鲜香的韩国紫菜包饭……唉，写到这儿我的口水开始流淌了。

“你注意到没有，大连小吃和这移民的历史太有关联了。你在这些小吃中，都能看到移民的影子。你看，牛羊肉与内蒙古人、新疆人和银川人有关，盐烤秋刀鱼有日本料理的影子，麻辣小龙虾是江浙、四川的味道，三鲜焖子底子是山东风格，培根海鲜卷接近俄罗斯菜风格，部分小笼包就是江浙小笼包的翻版。”

我没想到，董大师对大连小吃文化平日思考得如此精密。

“哪怕从一道小吃上，我觉得也能看到这种移民文化的影子。”我补充说，“比如铁板烤鱿鱼吧，铁板烧是在15、16世纪时由西班牙船员发明的，他们在船上将鱼烤得皮香肉熟，这种烹调法，后来由西班牙人传到美洲大陆的墨西哥和美国加州一带，20世纪初由一位日裔美国人将这种铁板烧熟食烹调技术引进日本，加以改良，烧烤过程中加入盐、胡椒两种调味品，品的是食物的原始味道，成为今日的日式铁板烧。日式铁板烧主要烤品质好的牛羊肉和部分海鲜，大连人在街头把它做成了铁板烤鱿鱼，调味品除了盐、胡椒面外，还可根据食客要求，加上孜然或辣椒面，或刷上辣酱，怎么开心就怎么吃。成都记者把铁板烤鱿鱼说成是大连人发明的，也是有些道理的。从这道美食的烹饪过程中就能看出，这是一道完完全全的移民小吃。”说到这里，新鲜的鱿鱼烤熟后那种在嗞嗞作响中飘出的鲜嫩焦香刺激的味道，好像一下子进入我的嘴里。我赶紧咽了咽口水。

“你猜猜，小吃能让人痴迷到什么程度？”我给董大师卖了个关子。

他一摇头，我笑了。

我卖弄了一个书本上的故事。

曾任沭阳知县的清代大诗人和美食家袁枚，有一回在海州一位名士的酒宴桌上，看到一道用芙蓉花烹制的豆腐小吃，色若白雪，嫩像凉粉，香如菊花，细似凝脂，看了惹人眼馋，闻了直流口水。袁枚夹了一块，细细品味之后，离席径直前往豆腐店，向主人请教制法。店主是位年老赋闲在家的官吏，见这样一位闻名遐迩的大文人登门求教，就成心摆摆架子，开玩笑道：“一技在身，赛过千金。这制法岂能轻易传人?”

见袁枚着急，店主一本正经地说：“陶渊明当年不为五斗米折腰，请问你肯不肯为这豆腐而三折腰?”

袁枚是个爽快人，向来以不耻下问闻名。听了店主的话，不愠不怒，毕恭毕敬地向这位年长自己一倍的老人弯腰三鞠躬。店主见他居然俯首施礼，屈尊求教，一面歉疚地说“折杀我也，折杀我也”，一面赶忙频频答礼。然后，竹筒倒豆子——哗啦啦将制法全教给了他。

后人这样赞叹袁枚：陶渊明不为五斗米折腰，袁枚为一块豆腐低声下气。

“大连小吃就缺这样的文化。”董大师轻轻叹气，“梁实秋爱汤包爱得要发疯，张爱玲在美国多年一直怀念家乡的蛤蟆酥，农家窝窝头能让慈禧太后大惊小怪顶礼膜拜，江南盐商的私家糕点会叫乾隆拍案叫绝亲自起名云片糕，大连要是有这些，哪怕只有一小部分，该多好啊……”说着说着，他有些激动了。

我也为他有些感动了。我突然想到，大连曾经著名的小吃一条街普照街还能回来吗?

普照街，大连小吃印象

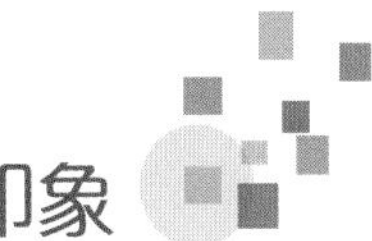

40岁以上的大连人，都知道穿行在天津街里面的那条叫普照街的小吃街。因设在天津街内，大连人又情不自禁地把普照街的小吃街叫成了天津街小吃街。直到现在，一提到过去的大连小吃街，大家都会不约而同地回答是天津街小吃街。

大连的美食文化路程毕竟不长，什么年代大连有了小吃街无从考究。硬是推算的话，早年西岗区香炉礁的露天市场，应该有一条或几条小吃街。前面我们说过，后来大连许多餐饮名店名小吃，都是从那里开始，推着小车，或是挂着幌子，一路吆喝着走出来的。

大连的小吃，虽然自己没有传统的故土印记，但大迁移形成的移民文化，还是让这个几经磨难的沿海城市形成了自己的小吃文化。以近代形成的大连人饮食习惯为例，几次的山东人和东北人的历史结合，山东味和东北味混杂在一起最为鲜明。

大连老字号糯米香，是大连最早的一家国营老字号小吃，以经营炸元宵和小豆年糕等为主。小时候就跟着老爸去吃过，圆若金珠香脆甜嫩的炸元宵、甜甜稠稠的红豆粥和香甜软糯的驴打滚，互相补充着朴实生活的甜美。炸元宵是论个卖，馅里是青红丝、芝麻和砂糖。红豆粥一直在锅里熬着，端上来还冒着热气，喝一口绵软黏稠，非常暖胃。火车站前附近这家老字号至少有半个世纪历史了，虽有点破旧但还在那儿低调地坚挺着。可能是大连人被它彻底征服了，不但没有关门，还开了分店。

与糯米香紧挨着的，就是狗不理包子铺。狗不理包子是闻名全国的传统风味小吃，始创于清朝咸丰年间，是中国灿烂饮食文化瑰宝，“天津三绝”食品之首。解放前后，狗不理包子被大连人引了进来，生意一直很好。

糯米香和狗不理包子是大连两家引进来的风味小吃，许多年过去，糯米香一直开得不错，我曾在西安路分店吃过一次，客流量还是蛮大的。而狗不理包子几经迁移后，几乎无声无息了。沧桑冷暖，世事难料，小吃的命运，与人类的命运是多么相似啊。

20世纪80年代初，普照街的小吃街就成形了。几十年后，四五十岁的大连人总是时常会回忆起那条小吃街，年龄大一些的会说是普照街，小一些的会说是天津街。那条小街像一条弯曲的彩蛇，在天津街密密麻麻的商店饭馆鞋铺茶肆中蜿蜒闪动。从九州华美达酒店身后开始，弯弯曲曲顺着友好路一直到友好广场附近，中间是一排比较整齐的焊接店铺，各家挂着招牌竖着幌子，吆五喝六的，尖声叫卖的，把热乎乎的食品编成小曲唱着卖的，市井的温馨、亲切的声音，妙不可言。两边是似乎数不尽的大小饭馆，冒着热气，飘出的不同香味和小吃摊亭散发出来的鲜香气味，在人的鼻孔里钻来钻去，勾着你的馋魂忍不住一阵阵地咽口水。

小吃是一个城市的灵魂，时代无论怎样变化，小吃的记忆不会改变，与小吃相关的城市文化习俗会随着小吃的出现立刻浸透你的整个生命。有的人远离家乡几十年，偶尔在异国他乡的街头发现家乡一块小小的、熟悉的美食，闻到一种久久别离的味道，他都会感到万分激动。一个快要死去的人，他真正想吃的最后一道美食一定有家乡的味道，哪怕仅仅是一碗小吃。小吃的解馋，解的是一种怀念之情与怀旧之情。从这点上看，小吃在人生万象中存在的意义真该令人肃然起敬。

2011年夏天的一个星期六，我的几个在大连的小学同学找到我，说我既然是报社做美食的记者，一定让我请大家吃一顿。我爽快地说，吃什么你们选。公证处的于绍文和玩音乐的王秋年几乎异口同声，到天津街小吃街解解小时候的馋。其他几位同学唰地一起举手，我悄悄摸摸衣兜暗喜几分：兜里近千元小金库够他们撮撮了。

一路走着一路吃着，就在一个敞亮的餐厅坐下了。六个人还没怎么吃，300多元就甩出去了。油煎焖子、烤蛎头、煮海红、铁板烤鱿鱼、烤羊肉串、盐水煮蚬子等都点了，就是觉得价太高，量太少，味不地道，气氛不足。

“可能是我们老了，找不到当年的新鲜感觉了。”王秋年吸吮着一只田螺。

“现在东西多贵，价格高很正常，他们一天的摊位费听说就不少。”于绍文总是那么理智。

“现在的海鲜质量也不如从前了，有的地方还出现了污染，味道当然不如小时候吃的鲜了。”我们“抗大”小学的老班长舒茂生说。

“二嘎子”潘敬新一摆手：“No！大连海鲜在全国还是最好的，要不然，怎么那么多外地人外国人非要跑到大连吃一顿海鲜大餐呢？”

“从小到大，没有大连海鲜我就觉得吃不下饭。”赵春来提起一只大虾怪。

我们像小时候那样围坐在一起，开始点菜，啤酒先上了两箱，各种海鲜小吃又点了一大堆。大连人在小吃街吃海鲜就这个脾气，怎么豪爽舒服怎 么来。

烤鱿鱼

30多年前，我才20岁出头，和眼前这几个调皮鬼来到普照街上的小吃街。那时候我刚参加工作，决定大大方方请他们到天津街撮一顿，攒下的20元钱在手里攥得死死的，就怕在挤公共汽车时弄丢了。

可能是生活在还不富裕年代的原因吧，那时候一闻到香味就觉得浑身有馋虫在动，一看见海鲜就想着有瓶啤酒该多好。那时没人知道喝啤酒吃海鲜容易得痛风，更没有多少人知道痛风是什么东西。不过那时候我家有位老中医邻居张崇绪说过的一句话，至今我都深信不疑：人的大部分疾病都是遗传基因带来的，一个没有某种疾病史的家族正常情况下后人也不会轻易患上这种疾病。回想自己喝了30多年啤酒吃了30多年海鲜也没有患上痛风，我更坚信邻居老中医的话有科学依据。我又联想到，小吃的遗传基因何尝不是这样?

不服不行，普照街小吃虽然没有上海城隍庙小吃那么大气华丽，但味道还是一流的，大豆油煎炒烹炸的油香，鱼虾蚬蟹各种海鲜连煮带炒的鲜香，诱人的程度丝毫不亚于城隍庙小吃。

那条街上的焖子，当年还没有三鲜的，基本就是山东人的做法，在平底锅上淋上豆油，把一块一块用铲子捣碎的凝固水淀粉焖子放上去，开始油煎。一直煎到焖子金黄色，用小勺撒上蒜泥芝麻酱，辛香醇厚的口感，颇有几分刺激。如果你的嘴甜一点，大叔大婶多叫几声，有热心的摊主就会为你拿来一两个煮熟剥好的鲜虾仁，放到你手里盛焖子的塑料小碗上，浇上调味料，焖子的油香和虾仁的鲜香都有了，并不多收你一分钱。那时的焖子，才三毛钱一碗啊。在模糊的记忆中，我一直认为，普照街小吃这种情感式加虾仁的油煎焖子，才是大连三鲜焖子的起源。

煎饼果子是普照街小吃的又一大景观。它属于天津风味小吃，但由山东人发明，最早就是一张山东大煎饼卷上一根油条和大葱而已。发展成现在的煎饼果子，小吃摊点随处可见。还有一种说法，有位姓徐的山东人，民国时期来到沈阳讨生活，准备靠煎饼卷大葱闯天下。一到沈阳他就傻了，满街都是卖煎饼卷大葱的老乡。苦思冥想了好几天，他从身边一个人用煎饼卷着鸡蛋饼抹上大酱吃的细节中受到启发，尝试起这煎饼果子的制作方法来。几次尝试后他发现，煎饼果子的酱料特别重要，咸淡全凭摊主个人的口味并不能满足所有的人。于是他把功夫都用在了酱料研制上，主要是辣酱和豆瓣酱，豆瓣酱是东北黄豆酱和花椒、大料等十多种天然香辛料一起熬煮出来的。辣酱是选用从四川当地运来的最新鲜的朝天椒，配盐、糖、蒜等调料精心熬制的。煎饼所用的面粉，是按一定比例在上等麦子粉中掺入绿豆玉米等的面粉，配上卷心菜，尽量兼顾营养的丰富性。这一下子生意火了，山东伙计们都来向他讨教。这煎饼果子随后被他的家人传到了大连。煎饼果子做法真挺简单，烧热的铁板刷上油，把搅拌好的面糊倒进去，摊熟后把鸡蛋打在饼上抹匀，抹上酱料，铺上生菜叶，把青椒丝撒上去，把饼盛出来一卷，就是煎饼果子啦！“煎饼果子来一套！鸡蛋面糊酱料好！辣椒腐乳小葱花！金黄喷香好味道！”这是当年普照街卖煎饼果子小伙子的号子，不知这人是否是煎饼果子徐的传人。我记得小伙子人很活泛，备的小料有七八种，你想加辣椒加葱花加腐乳他都给你立马甩上去。那带着香气的煎饼果子递到你面前，牙一咬，面皮又焦又脆，蛋饼浓香鲜爽，直到现在，大连人还是百吃不厌。你猜当时多少钱一个？一毛钱！

油条泡豆腐脑，那就是人见人爱的主儿。那豆腐脑真叫绝啊，细腻白净，不老不嫩，舀一小勺，晶莹剔透，颤颤盈盈的，好让人心动啊。还有那羹汤，暗红鲜亮，加上点海蛎子、碎肉丁、碎木耳、韭菜花之类，咸淡相宜，味道浓郁，吃一碗根本不够，就再叫一碗。

据说，这么好的豆腐脑，是在1935年到1947年间，金州区刘文荣的哥哥琢磨做出来的。他重点利用了大连海味资源，将豆腐脑羹制成两种羹汤，蛎子羹和鱼子羹，讨了不少人的欢心。后来哥哥去世了，刘文荣接过担子继续卖豆腐脑，大家都喊他“刘豆腐脑”。有人说20世纪50年代刘文荣去世后，刘豆腐脑就失传了。我却至今还记得在普照街的小吃摊儿上，有一个铺子上挂出的幌子就叫“刘豆腐脑”，真假难于考究，不过那豆腐脑做得确实让人心动。而时下豆腐脑的酱料我只见过韭菜花，从未见过那两种羹。

普照街小吃街那会儿，还没有大量出现烤鱿鱼，而是非常流行烤鱿鱼须子。店铺的主人把鱿鱼的须子剪下来，用竹签穿成一串，在铁丝网上烧烤，六成熟时刷上辣酱，接着来回翻烤，香香鲜辣的味道，有咬头的口感，再喝上一口啤酒，不爽死才怪。

生吃海蛎子是一道应该在海边吃的小吃，去海边前，必须带上刚烀好的饼子，饼子最好带金黄色的恪儿，包在毛巾里还热乎乎的。用铁挠子撬开成堆而死死地吸在礁石上的海蛎子盖，鲜得往外流着汤的银灰色海蛎子肉，水汪汪颤巍巍地呈现在你的眼前。这时你把带着暖暖温度的饼子拿出来，咬两口，嘘溜嘘溜赶紧再把海蛎子连汤带肉放进嘴里——带点咸味的那个鲜度呀，瞬间鲜透了全身，不喝酒都有些醉了。香喷喷的饼子就着鲜咸的海蛎子肉，别提多爽了。每次这样吃海蛎子，我就会想起中国写海很棒的大连小说家邓刚的一篇小说里描写赶海女孩的场面："蟹儿肥呦虾儿鲜，赶海的姑娘腚朝天！"后来，这么有现场气氛的好小吃也拿到普照街小吃摊儿卖了，和在海边吃起来相比，美妙的感觉差了一大半。不过，解馋也够用了。

海菜包子不光上年纪的人爱吃，年轻人也爱吃。在过去很长的时间里，人们的知识面窄，不知道那些海菜还可以做包子吃。20世纪八九十年代开始，吃海菜包子悄悄流行开来。做包子的海菜种类繁多，大连人最喜欢用海菜里的海麻线菜做包子，海麻线菜不仅味道鲜美，而且口感细滑，易于消化。海菜都喜大油大蒜，所以大连人除用足食用油外，多放一些肉丁和大蒜片配馅，油香裹着鲜美的味道令人好不惬意。

辣炒蚬子是大连人今天都爱吃的一道风味菜。但这道菜有一天上了四五星级酒店的席面上，是一些人想不到的。业内专家对这道海鲜菜从来不屑一顾，可它在大连人如今的大小餐桌上如此有名，使你又不能忽略它的存在。它属于选材广泛的小海鲜，成本低，有很美的鲜咸辣口感，各种层次的人都喜欢吃。据说，它是一道渔家海边的风味小炒，早先出现在普照街小吃街上，卖得太好，就被一些路边小饭店引了进去，又在一些大的酒店餐馆成了家常菜，点这道菜的客人太多了。

或许普照街那条小吃街永远不会再回来，而留在我记忆深处的大连小吃味道却永远让我记住了普照街。

三鲜焖子的小题大做

有价值的东西不在大小，而在于它能为人类做的贡献究竟有多大。你也许不会想到，羊肉泡馍和广式月饼会被纳入国家级非物质文化遗产名录吧。

记得小时候，街边的焖子铺生意很火，随便搭个棚子，几张简陋的桌子，几个破旧的板凳，一口漆黑的大锅。大而厚的铁锅煎得焖子外焦里嫩，格外香味扑鼻。不像现在电饼铛一打开，全部解决问题。那时凳子上总是坐满了人，路过的人总会停下脚步，来上一碟，即使客满没座站着吃，也流露出惬意的满足。花上几毛钱就是满满一碟，淋上蒜泥、酱油、芝麻酱，胜过山珍海味，一小碟焖子总会让孩子们欢呼雀跃。

大连焖子源于烟台焖子小吃这是不争的事实，大连人近年在焖子的研发方面似大有超过烟台的架势。虽说大连焖子和烟台焖子一样并没有形成期待中的系统化产业链，但满街随处可见的焖子店超过今天的烟台可是真正的事实。我一直认为，焖子那么好吃，完全有做成产业链的可能，只要有人细心研究它，挖掘它的潜在巨大市场。在美食行业，能创造喜人经济效益的真不一定是那些流芳千古的美宴大餐，有时候就是一款小小的小吃食品。

焖子的传说，印证了山东烟台焖子的鼻祖地位。相传一百多年前，有门氏两兄弟来烟台晒粉条，有一次刚将粉胚做好，遇上了连阴天，粉条晒不成，面胚要酸坏，情急之下，门氏兄弟将乡亲们请来用油煎粉胚，加蒜拌着吃，乡亲们吃后异口同声说好吃，有风味。于是便帮门氏兄弟支锅立灶煎粉胚卖，人们都说好吃，但问此食品叫什么名，谁也说不出。其中一位智者认为，此等美味既然是门氏兄弟所创，又用油煎焖，就随口说就叫“焖子”吧。烟台地区小吃用凉粉做原料，将凉粉切成小块，用锅煎到凉粉外边成焦状，并佐以虾油、芝麻酱、蒜汁等调料上桌即可，味道类似北京煎灌肠。

焖子与大连这座城市几乎同时诞生。山东人闯关东来到大连，在大连周边地区广种爱吃的高产地瓜，加工成淀粉，除了做粉皮以外，就是掺上水，揉成团，切成许多啤酒瓶盖那么大的方块，放在平底的油锅上煎烙，做出的焖子，外焦内嫩，盛在碗里，加进佐料，很合大连人的口味。焖子属于雅俗共赏的风味小吃，最喜欢光顾的是女人和小孩。现在吃焖子基本上都用方便筷子夹，而多年前，大连人是用自己窝成的细铁丝去叉，叉起来的焖子和夹

三鲜焖子

起来的焖子吃起来感觉就是不一样。

“大连三鲜焖子真好吃。”如今外地人来大连，一般都会这样说。在他们的潜意识里，提到焖子就会想到大连的三鲜焖子。大连三鲜焖子，已经在当代许多国人心里打上了不可磨灭的城市烙印。

大连街头的焖子，目前一般有两种：一种是传统的烟台式焖子，一种是大连人创新的三鲜焖子。

传统焖子的做法是先繁后简，重点在于凉粉的熬制——将地瓜淀粉和水以一定比例放入锅内，中火慢熬，同时不停搅拌，以防止糊底或粘锅。待熬成青绿色、半透明的半固体状态时熄火，迅速倒入方形容器中，使之冷却凝成固态。凉粉做得好不好，直接决定了焖子的口感，好的凉粉柔滑而有弹性，刀切或油煎皆不易碎，入口鲜嫩且有嚼劲，反之则易碎、口感差。

接下来是煎凉粉。锅内放少许油，小火加热，放入切成小块的凉粉，用筷子翻动着将之煎至表皮焦黄，放入盘中备用。最后是凉拌，需要用到的调料主要有三种：蒜泥、芝麻汁、鱼汤或鱼油等。调料的讲究颇多：蒜泥一定是要在蒜臼里捣碎的，切碎的则不能完全释放出其鲜辣之味；芝麻汁最好是小磨磨出来的，可以加水将之调制得比较稀；鱼汤或鱼油则是提味的关键之所在，这种沿海地区所特有的海鲜汤汁，其味道之鲜美是味精等佐料不可比拟的。将以上材料淋在煎好的凉粉上，拌匀几下，一盘香辣、滑嫩、鲜美的焖子就可以上桌了。

大连三鲜焖子在传统焖子的基础上，增加了高档海鲜。把绿豆淀粉加水搅匀倒入锅内，边加热边搅锅，开锅后稍停起锅。将起锅的凉粉倒入器皿内晾凉，取出后，焖子切成长方形的丁。然后将25克海参切片、50克虾仁片开、50克螺片下开水焯透备用。焖子在平底锅淋油煎好盛入盘中备用，起锅加底油、烹锅加调料，将海参、虾仁、螺片“三鲜”入锅炒好，盖放在焖子上，再淋上精心调制好的蒜泥、芝麻汁和鱼露汤汁。传统凉粉粉块的爽滑和“三鲜”海鲜的鲜香融合在一起，滋味别样舒爽。

“三鲜焖子煎的时候一定要注意油要少，煎出饹儿来，没有饹儿，吃起来就没有意思了。”在大连解放广场一家焖子铺，我和董长作大师在品尝一个老太太的焖子手艺，他毫无保留地把焖子好吃的秘诀告诉我。

“三鲜焖子作为风味小吃，突出的是山东地瓜粉和大连海鲜元素，文化色彩很浓，做好了，也可以登大雅之堂。有不少五星级酒店也在做三鲜焖子，包括北京的大酒店，制作方法已经和烹制一道菜肴没有什么区别了，小吃变成了名菜，市场的潜力也显现出来了。”他迟疑了一下，“不过，有些酒店做的焖子已经不是原来的煎焖子味了，改成了下锅七成热油烹炸，炸出的焖子和煎出的焖子味道是不一样的，感觉都变了，我是不提倡的。我觉得，一个小吃的风味是不能改变的，它本身包含了这个地区很多社会附加的东西，你改变了它的风味，这些社会附加品就都不存在了。”

“你觉得酒店做三鲜焖子是小题大做？”

“从市场发展来看，三鲜焖子小题大做是必要的，大家喜欢，市场需要，存在就是合理的。但是应该在继承发扬的基础上，创新这道菜。”

大连有不少菜肴都存在这个现象。我想起了去一些酒店吃饭碰到的菜，比如糖醋鱼应该浇的是用醋和糖烹制好的酸甜汁，有的酒店厨师把那现成的番茄汁往炸好的鱼身上一扣就“完事大吉”。

咸鱼饼子翻身

每年夏天，是国宴大师董长作最繁忙的日子，这个时节大连的外交接待工作也最为频繁，从20世纪80年代后期就开始为贵宾服务的他自然也到了忙碌的时刻，几十年来，那些贵宾喜欢吃什么菜、好什么口味都在他的心里。即使这样，他也会抽出几天时间，带上棒棰岛宾馆的徒弟庄欣文，专程赶到小平岛海边，找到日丰园饭店的厨娘孙杰两口子，去海边等那渔船回来，选上最好的大小黄花鱼，用海水洗净处理好，在阳光的背阴处，半干半软地晾干。这个季节，正逢黄花鱼产卵期，鱼儿们喜欢成群结队地往离岸近的地方靠，寻找比较温暖的地方。

落叶知秋的时节，又到了偏口鱼带着厚子肥美亮相的日子。董大师又会带着徒弟来到海边，选出一批规格一般大的偏口鱼，还是用海水洗干净晾干，再用剪子剪掉头部，留着做咸鱼饼子用。

鲇鱼和鳗鱼，也是大连人做咸鱼饼子的好食材。鲇鱼和鳗鱼生性好斗，在海洋的恶劣生存环境中经常处于剑拔弩张的状态，所以肉紧、匀厚、鲜醇。鳗鱼在江河与大海中巡回生存，有一种能逆流而上的能力，肉质更加匀紧结实。做成的咸鱼煎烤后，鱼身上能烤出一种又香又鲜的黏油，沾在嘴边特别过瘾。

大连人的咸鱼饼子真正就是这四种鱼。靠着海风晾成半干半软的咸鱼，肉质鲜嫩，鲜度匀厚，口感匀糯，这么多年来一直很合大连人的胃口。有人试着用大棒鱼和黄鱼做咸鱼，肉体块状较多，晾晒时盐分的鲜度效果不及黄花鱼和偏口鱼，就放弃了。你偶尔在酒店见到这两种咸鱼，都是在八九成的油温里炸出来的，和煎烤的感觉大相径庭。

沿海的渔民，有流行吃咸鱼饼子的习俗。早期渔民以捕鱼为生，为了早点靠岸卖出海货，渔民必须早早出海，捕捞作业时，必然会赶上在船上吃饭。为了省事方便，不耽误捕捞，他们就会把打上来的鱼用盐轻撸一遍，扔到甲板上任海风晾干，然后蒸熟，配上玉米面饼子吃。后来，沿海的居民在冬季新鲜蔬菜少、只有白菜萝卜调剂菜肴的情况下，学着船上人做咸鱼的方法，把那经济实惠随处可买，吃起来感觉很好的黄花鱼、偏口鱼、鲇鱼、鳗鱼等鱼类买回家，作为家庭

咸鱼饼子

咸鱼饼子

主妇打理冬季菜肴的首选，咸鱼和玉米面饼子成为最佳组合。新鲜的海鱼，在海边晾干，烤得外焦里嫩，和香喷喷的玉米面饼子一起下肚，饼子焦、脆、香，咸鱼鲜、嫩、咸，恐怕满汉全席也难敌其独特的风味。

咸鱼饼子最早是在大连小吃街的铺子里卖的，在普照街的小吃街上我就曾经品尝过，一般是鲇鱼和偏口鱼，或用盐轻轻撸过，或是用海水泡洗过后在海边晾干，在火上翻烤熟了，连同烤好的小玉米面饼子一块端上来，几块钱一份记不清了，反正很便宜。

咸鱼饼子能在大连成为一道名菜，登上国内多家五星级酒店或豪华社会餐饮大雅之堂，真的感谢一位老太太——双盛园饭店的黄淑卿大妈。别小看了这位老太太，她开饭店生意最好的那些年，用大量的钱财和物品，资助了众多贫困的人，在大连人中一直传为美谈。

20世纪80年代，黄大妈在中山区老派出所旁开了一家大连家常菜馆——双盛园饭店。黄大妈是甘井子区牧城驿人，后来我才知道，那地方的人靠海吃海的历史有上千年，最早能追溯到辽代。

开一间大连海鲜家常菜，是黄大妈的夙愿。她从普照街的小吃街上看到了双盛园的前景——大连人喜欢海鲜有如此漫长的历史，是不会被任何菜系轻易取代的。老百姓一下班，必须到市场买一些蚬子、蛏子、蟹子、虾爬子、小海螺、偏口鱼什么的，回家原汤一煮，或者用偏口鱼、小黄花鱼来道家焖，到小店换几瓶棒棰岛啤酒，这就是普通大连人最美的晚餐，也是大连一幅最美的市井素描。小吃街上的油煎焖子咸鱼饼子那么“下货”，把它移到饭店再配上其他海鲜，来两箱棒棰岛啤酒在脚下蹬着，不是更洒脱吗？

一个不一定十分准确的说法就这样既成了事实：三鲜焖子和咸鱼饼子是大连双盛园饭店发明的。这两道菜其实在山东烟台早已经不新鲜了，在大连酒店饭馆的餐桌上却成了宝贝。大连人就是有这样一种能耐：外来的东西只要适合自己，就会把它做得品质更好、品牌更响，直到大家都认可这是大连的东西。

“咸鱼翻身”这个词源于香港，原来叫“咸鱼翻生”，“翻生”是粤语，意为起死回生，有人把它当成贬义词，现在它已经成了中性词或褒义词。不管怎样，大连的咸鱼饼子真的翻了个身，成了京城一些大酒店离不开的小吃大菜。这道小吃至今在京城也有不少粉丝，可能是双盛园饭店多年前把大连这些海鲜家常菜推向北京市场的缘故。当然，在东北一些城市菜馆，这些菜的出现就更习以为常了。

这30多年来，我吃到最好的一次咸鱼饼子，是在棒棰岛宾馆。那是2009年的夏天，一位从日本归来的朋友在棒棰岛宾馆请客，把我也喊了去。那包间很美，窗外是蔚蓝的大海和一片草绿的树木与草坪。菜是董长作大师的徒

大连一些海鲜市场晒咸鱼的情景

弟庄欣文和石远以及厨房小哥们亲自做的。除了庄欣文，石远的“贵宾菜”做得也很地道，后来他当了棒棰岛宾馆副总经理，离厨艺渐行渐远。

那天除了大小贵贱的海鲜外，就是那道勾人馋魂儿的咸鱼饼子。那盘咸鱼是十条，是标准巴掌大的带子偏口鱼，鱼头斜剪了去，鱼子鼓鼓的，鱼肉厚实实的，用筷子夹起来放在嘴边，煎烤的香味丝丝渗进鼻孔。咬下一块，咸鲜喷香，那饼子是玉米面和少量豆面掺在一起用铁锅烀出来的，掌心那么大，都带着金黄色的饹儿。一口咸鱼，一口饼子，再喝一口玉米大糙子粥，浓浓的鲜香和焦香在糙子粥里均匀地稀释着，顺溜溜地细淌进胃里，舒服极了。我终于明白，咸鱼饼子登堂入室太应该了。

“好的咸鱼，应该是海水洗干净泡过，通过自然的海风，在海滩阴凉处晾干的。这样的咸鱼，味道来自真正的大海，也是最健康的美食。”小庄子（庄欣文）向我介绍。他不赞成用盐撸，说那样会失去了原味。“有些人善于用盐撸，那是为了省吃俭用，存放时间长，或者就是为了当咸菜吃，那就太可惜了。”

董大师向他伸出大拇指。

庄欣文红了脸笑着低下头。从这个表情中，你可能猜不到这是一位年轻的以做“贵宾菜”见长的烹饪大师。

“大连有咸鱼饼子。”

听了游客的评价，董大师认为那是大连人把咸鱼饼子真正当盘菜去做了。

主持人起名鞋底蛎子

据沿海考古发现，我们的祖先早在新石器时代，就懂得采食牡蛎。在汉代之前，已有在海滩插竿养牡蛎的记述，我国是世界上第一个养殖牡蛎的国家。我国古代科学著作《天工开物》中就讲到了牡蛎，称蛎壳为“蛎房”，牡蛎肉为“蛎黄”。大连人至今把海蛎子肉叫蛎黄，炸蛎黄这道海鲜菜在各家酒店现在卖得依然很好。不过，《本草纲目》把海蛎子肉叫作“蚝房”：“蚝房治虚损……滑皮肤”。牡蛎作为壮阳食物在我国也是由来已久，从《神农本草经》到《本草纲目》都有记载，牡蛎体内含有大量生成精子所不可缺少的精氨酸与微量元素锌。精氨酸是生成精子的主要成分，锌促进荷尔蒙的分泌。“牡蛎”的“牡”字在古代是公马的意思，牡蛎有补肾壮阳的作用，从它的名字来看就很有说服力。牡蛎中丰富的牛磺酸有明显的保肝利胆作用，所以现代人叫它“海洋牛奶”。钙、铁、铜、蛋白质等太多的营养构成，就不用说了。

外地人称大连话有股“海蛎子味”，实际就是说大连话是四不像一样的集合体：来大连最多的山东人决定了大连的语言基调以胶东味为主，当地辽南俚语又施加了一些影响，再努力着向普通话靠拢。说大连话有股“海蛎子味”，肯定是一个不喜欢大连话特色又吃不惯大连海蛎子的人。“海蛎子味”的大连话，体现着浓厚的移民融合色彩。

大连人讲“凉水蛎子热水蛤”，当天气一天比一天寒冷，海蛎子也一天比一天肥美。秋冬季节，正是大连人饕餮海蛎子大餐的时刻！这个时节的海蛎子，正在备战过冬，努力囤积身体内的养分和油脂，把自己养得丰满肥腴，正好给人们大饱口福。

据专家说，大连湾牡蛎是大连最好的海蛎子。

八九岁时的一天，我把妈妈烀得热乎乎的带金黄铬儿的玉米面饼子，用毛巾裹紧紧夹在腋下，跟着大人去海边赶海蛎子。小北风飕飕刀剐似的吹在

这么肥的海蛎子能不馋人吗？

脸上，没人叫疼。一拨人撅着屁股站在退潮的海水里挖着蚬子和蛏子，另一拨人就到礁石上刨海蛎子。我们高兴地用带锤头的铁挠子将礁石上的蛎头一个个撬开，把那鲜溜溜的蛎黄直接放到嘴里，就着饼子吃。原味的海蛎子肉，微甜微腥浓鲜且爽滑。

后来念中学时，听说有了辣根这东西，酒店的人都蘸着它吃，我们就买了一管这小玩意，再去海边吃，用铁挠子尖对准海蛎子的两张壳中间钻进去，上下一撬，海蛎子的壳就分开了。海蛎子肉蘸着足够浓度的辣根，刚一入口，辣根的冲劲儿便会立马侵袭五官，眼泪都呛了出来，一直爽到脚后跟儿。

工作后，我经常到市场买回海蛎子肉，在电饼铛上用油煎着吃，中等火候，直到把海蛎子煎出黄饹儿，口味焦香焦鲜。

再就是吃烤海蛎子，和铁板烧的吃法相同：把带壳的海蛎子放在电炉子上烤，等到海蛎子张口的时候，把切成片的大蒜塞进去，放一些辣椒酱，再烤几下，随着啪啪的声音，海蛎子都张开了口，一股鲜美的热气升腾起来。把海蛎子的汤慢慢吸进嘴里，再把海蛎子肉塞到嘴里，天下最美的滋味尽在于此。

当代人对海产品有着奇特而肆虐的爱好，野生海蛎子也在不断减少。随着养殖海蛎子的增加，人们更加怀念当年大片大片的野生海蛎子。市场上有一些大大的海蛎子肉，据说是用什么东西泡出来的，看着诱人，鲜味极差。

如果你在城市某一墙根市场某一角落，看到蹲在那儿的老头或老太太的铝盆里，盛着一碗碗拇指大的海蛎子肉时，你就撞上好运了，这是真正的大连湾野生海蛎子。别看蛎子肉少，但味道很鲜很浓，蘸辣根生吃或下面条做卤子，再鲜美不过了。

当然，大部分体积较大的海蛎子肉还是经得起推敲的，海毕竟是广大宽阔的，不安分养殖牡蛎的人毕竟是少的。一个长期蹲在市场卖海蛎子的人，更需要大家对他的信任。要不然，他的海蛎子还怎么卖下去？

大连有一种海蛎子，在冷水里生长的时间比在一般海域长，海蛎子的营养元素比许多国家和地区的成分更加丰富完美，而且有一个非常生动好听的名字：鞋底蛎子。听这名字，你就能够想象到它有多大的个头。这个名字，就是大连电视台一位叫李一峰的美食节目主持人起的。这种海蛎子的产地，就在著名的棒棰岛海域。这片海的守护人孙世礼先生说，在大连，只有棒棰岛这片海有这种蛎头。

这种鞋底大的海蛎子在这片海域，出产量极少，因此在大连农贸水产品市场你是见不到的。有这个口福的人，只能来到大连棒棰岛，还得赶上水下有货。海蛎子没有长大前，主人是不会去动它的。棒棰岛海蛎子一旦捞上来，除了满足来到这里的贵宾外，剩下的一小部分才能满足棒棰岛宾馆和海边悦海楼的宾客。

李一峰在大连算是一位美食家，主持了多年的美食节目。对大连海鲜，他有一套自己的心得。他向我描述了发现鞋底蛎子的过程。

2005年的夏天，他接到棒棰岛守海人孙世礼先生的电话，说这里发现了野生大海蛎子，有兴趣就过来看一看。

在现场刚主持完节目的李一峰和摄制组的小哥们一说，大家就径直赶到了棒棰岛海边悦海楼脚下那片海。正赶上中午几位贵宾在悦海楼用餐，孙世礼先生领着他们声音很小地坐着小船下了海，来到离岸边不远的一片海域，潜水员一个猛子扎进水里，十几秒后哗地跃出水面，手里举着一只鞋底大的海蛎子，抹了一把脸上的海水："水底下全是这么大的蛎头！"

李一峰接过蛎头，反复端详着，喃喃自语："和咱们穿的鞋底一般大，这不就是鞋底蛎子吗？还没有名吧？就叫鞋底蛎子吧！"

那期电视节目就出现了鞋底蛎子的专题。不少大连人看了节目，直奔棒棰岛海边。

在棒棰岛宾馆做了多年餐饮总监的董长作大师说，大连湾的蛎头和营城子的小滚蛎子小但是海蛎子肉最鲜。要说大个海蛎子肉最鲜，得数棒棰岛的鞋底蛎子了。

棒棰岛宾馆能成为国宾馆，不光是因为棒棰岛风光旖旎，这片海域的海带、紫菜、海藻等植物食材格外稠密，营养价值也很高。咱们都知道，海藻类植物是

大连美食家、美食节目主持人李一峰

海参汲取营养的重要来源，海藻类植物含三种糖类，抗衰老作用很强，是海洋中低脂肪食品，有大量的优质蛋白，含有很多对人体有益的生物活性元素，以及丰富的矿物质和天然碘。这个环境里野生的大个海蛎子，像大珍珠一样水盈盈的大蛎黄，增加性功能的锌、强化肝功能的牛磺酸、有降压作用的海带氨酸和有杀虫作用的海人草酸，都很丰富。一个鞋底蛎子的营养价值，绝不低于一只海参。

再来一碗芸豆蚬子面

面食不是大连人的强项，不过大连人对好的面食从来就没有拒绝过。我真庆幸，大连人的移民文化没有让他们故步自封：一个人或一个城市，能不断接受有用的东西，包容不同的声音和内容，一定大有作为。

山西美食的大酸大咸是大连人难以接受的，但是山西人在大连开的风味大王（它的前身是麦子大王），凭着其特色十足、风味独特的各种面食，却让大连人愉快地接受了。山西面食构成了它独有的特色，光是各种饼类就有几十种，由地道的山西厨子亲自操作。微甜的新疆发面饼里掺着葡萄干，嚼一口清香甘甜。麻酱饼夹着甜甜的芝麻酱，层次分明。烤制的枣馍片脆脆的，枣香浓郁，每次我都会狼吞虎咽吃得净光。还有山西师傅捏的面人，看上去活灵活现。

更值得一提的是山东打卤面演变来的芸豆蚬子面，这是一碗让大连人百吃不腻的面条。芸豆蚬子面在大连市场卖得这么好，真不能忘记山东打卤面的功劳。

据说，道光年间打卤面在山东民间出现。民间办红白喜事，如果用“炒菜面”招待亲友,一律用打卤面。打卤面在台湾叫勾芡面，闽南话叫羹，也有地方叫肉羹面。

“打卤”就是浇汁的意思。通常是以煮猪肉的汤或以羊肉煸锅，放上肉片、葱段、笋片、胡萝卜片、木耳、高汤、宽面、葱花、金针菇，水淀粉勾芡，打上蛋花，浇一层花生油增加香味。也有不勾芡的，汤内加鱼和菜。

打卤面的历史经典变化，在于它扩大到民间日常生活的饮食选择。人们对打卤面越发喜欢，觉得应该让它飘香到日常百姓生活家。

大连王麻子海鲜酒楼当家人王玉春的徒弟、曾获过全国金奖的烹饪大师冷玉茂告诉我，当年他曾在山东学习过一阵子鲁菜。为了弄清楚正宗山东打卤面的做法，他在一些生活细节上把老师傅伺候得熨熨帖帖的，老师傅为他做了示范。他这才知道，打卤面的卤，是用煮面条的汤做出来的。不少人都以为卤子只能用水淀粉来做，才会汤稠。

我在家里自己曾经试着做了一回，还蛮不错。我故意把煮面条的水多添了两碗，将煮好的手擀面的浓汤倒入一只薄钢盆里。葱姜蒜爆锅后，我将凉透的煮面浓汤倒进锅里，撒上切好的猪肉片、芸豆丁、木耳、胡萝卜片等各种配料，倒入自己喜欢的酱油。酱油开锅后变成的暗红鲜亮的颜色，最能撩动我的味蕾。我尝试后发觉，做卤子时加入煮面的浓汤，做成卤子后一样有那种众人喜爱的稠浓的感觉。

大连街时下做正宗山东打卤面的，也只有八一路和太原街那么两三家。许多面馆，都去做那时髦的芸豆蚬子面、鱼卤面或是拉面了。拉面馆撑起了时下大连的一面旗帜，清香拉面、兄弟拉面、兰州拉面、小辫拉面、牛肉拉面、酱油拉面、上海酱骨拉面等，估计几百家面馆不在话下。拉面的利润接近暴利，我曾带着好奇心在一家拉面馆看到，从中午到下午，门被推来开去似乎没停过，一张桌子四五个小时六七台地翻，一碗面的净利润在五六块钱或是七八块钱以上。我总是怀疑，他们的面或是汤里加了什么让人着迷的东西。不过我还注意到，真正吃面的粉丝，还是朝着芸豆蚬子面或是鱼卤面去的。芸豆蚬子面在多家面馆和酒店都有，虽说没有一家专做芸豆蚬子面的餐馆，但大家都在做，原因很简单，大连人太喜欢这碗面了。

芸豆蚬子面

芸豆蚬子面，是一碗大多数家庭都会做的面。面煮熟后，将面挑入碗中，煮面变稠的汤备用。花蚬子吐沙洗净后放入冷水锅大火煮沸，蚬子开口后捞出，将煮好的花蚬肉剥出备用。煮花蚬的汤沉淀后，将上面干净无杂质的汤倒入干净的盆中备用。锅内放油烧热，加葱花蒜片爆炒出香味，放入切好的芸豆丝，倒入适量生抽，翻炒至芸豆丝变软。再倒入剥好的蚬肉，翻炒几下之后，加煮面的稠汤和煮蚬子的鲜汤烧开关火，撇去表面的浮沫，再加适量盐调味，将这做好的蚬子芸豆汤倒入面条上，撒些新鲜的葱花在上面就行了。淡香的面条，浓亮的稠汤，芸豆的菜鲜，蚬子的海鲜，都在这碗芸豆蚬子面中体现出来了。

你完全能够吃得出，这碗芸豆蚬子面就是山东打卤面的一次升华。加了高钾、高镁、低钠的芸豆，富含蛋白质、维生素、钙、磷、铁、硒、钴等人体所需营养物质的蚬子肉，这碗面比起打卤面来清淡营养多了，尤其是芸豆的菜鲜和蚬子的海鲜，双鲜美味诱人，大连人当然爱吃这碗面了。

红头鱼卤面

鱼卤面来自何方，多年来南北方一直都在打嘴仗。南方人说出自江苏，江苏小吃里就有一道刀鱼卤面，刀鱼为镇江特产，鱼肉细嫩，味道鲜美，清明前后味道最鲜。配上香菇、笋片制成刀鱼羹，作为盖浇，以鱼头鱼骨熬成汤卤，浇面条入味。北方人说鱼卤面源自山东和大连，这两个地方的渔民早年出海时，在船上就这么做的。对嘴官司我不感兴趣，有两点倒是实实在在的：鱼卤面是打鱼人发明的，打鱼人舍不得扔掉吃剩的鱼汤做了面条就有了鱼卤面。

这是我印象中吃过的最好的鱼卤面，小平岛日丰园餐厅是一家海鲜家常菜餐厅，太牛了，从来不做广告，每天都有不少开奔驰、宝马的人在那儿排队。

这家海边小店的老板兼厨娘孙杰因为三件事成了大连美食界的红人：一是2010年被青岛市邀请，为一个重要的宴会制作她在全国叫响的海肠韭菜饺子；然后是2011年她应上海东方卫视邀请参加美食大赛，用她的海肠韭菜饺子PK掉了当时中国很红的一位北京著名烹饪大师而夺魁，在京沪传为美谈；再就是在2011年大连晚报社主办的“第六届大连美食大赛首届大连厨娘评选”活动中，她当之无愧地被专家和媒体授予“大连厨娘特别金奖”，坐上了大连厨娘第一把交椅。这三件事，给她的海边小店大大增加了品牌砝码。也难怪，她家的小店基本不到海鲜农贸市场采购食材，每天有渔船给她专送最新鲜的活海鲜，蔬菜是指定绿色农场送，客人吃到的全是应季海鲜，能不牛吗?

孙杰说，鱼卤面也是从山东打卤面衍生过来的。它的做法和打卤面一样，离不开往过水面条上浇卤子这个环节，所以也叫过水面。她更倾向于鱼卤面是北方人所创的说法。鱼卤面重在卤子，传统观点认为卤子必须稠一些亮一些味重一些，不然算不上卤子。江苏人做的刀鱼卤面的卤子比较清淡，只能算是一般的汤汁。她认为，山东人和大连人做的鱼卤面味道咸鲜厚重，与卤子的意思最近。

厨娘孙杰拿出一块发好的面来，为我们做红头鱼卤面。面是早晨和好醒着的，她说做面条的面醒3个多小时比较合适，擀面时才能赶得很匀。面要筋道，面条吃起来才有咬头。各种海鱼都可以做鱼卤面，前提是必须新鲜。北方人做鱼卤面一般爱选红头鱼，这种鱼头部和背部都是深红色，看上去非常喜庆吉利，有的菜馆端上红头鱼做的菜时，名字就叫鸿运当头。红头鱼刺儿少，煮熟后是一块一块的蒜瓣肉，蘸着稠汁吃起来爽滑鲜嫩，越吃越想吃。

说话间，锅里煮的几条红头鱼开锅了，在汤中滚动着，让人垂涎欲滴。只见孙杰提起红头鱼的尾巴轻抖几下，蒜瓣状的鱼肉纷纷落进汤锅。她将鱼头和鱼刺儿扔进垃圾桶，将煮面条的汤汁倒进锅里，改成小火，白色的汤锅咕嘟咕嘟地冒起热气来。她轻轻搅动着，不一会儿一锅浓稠相宜的鱼卤便诞生了，打上蛋花，撒上翠绿的香菜葱花，色、香、味全有了。我迫不及待地端起鱼卤面，鱼卤里浓浓的鱼鲜溢满口腔，盐加的鲜度正好，挂着卤汁的面条吃在嘴里爽滑而筋道。那天，我居然连吃三大碗后还回头看那锅里剩下的鱼卤面。

“长蒜瓣肉的鱼一般都在海里，大连的海鱼很多，除红头鱼外，黄花鱼、黄鱼、皮匠鱼、鲅鱼、撸子鱼等，都是蒜瓣肉。蒜瓣肉鱼营养价值高，因为长期住在凶险的大海里争食存活，活动频繁，身上的肉都是紧实的，营养吸收很到位，这样的鱼肉对人增强免疫力是大有好处的。当然，红头鱼还是最好的，颜色和寓意都很好，营养也到位。”

我又长了见识。

大连海菜包子传奇

说大连小吃，离不开海菜包子。

提到全国知名、大连一绝的海菜包子，大连人倍感亲切，外地人说有特色。咬开包子，那深绿色的、营养价值很高的、浓鲜浓香的海菜就“出溜”进了嘴里，鲜溜溜，香喷喷，这个味道和口感，大连人忘不掉，来过大连的外地人更是忘不掉。

大连海菜包子的由来，得益于旅顺口区柏岚子村铁山街道的一位老太太——大连海菜包子现在传人单联明的奶奶。1855年，单联明的太祖爷爷、第一代山东单县人单际选，带着儿孙闯关东，随船飘到柏岚子一处叫庙沟的海边，开始了新的艰苦创业生活。到现在，老单家已经发展到第七代传人。

1935年，从山东坨矶岛闯关东漂洋过海来的孙菊花也来到庙沟，成了单联明的奶奶。就是这个苦命而坚强的女人，撑起了后来这个家，也把大连海菜包子的故事娓娓道来。

在初来旅顺的艰苦岁月里，细心照料他瘫痪的太奶奶单任氏13年的同时，做起了当时的海菜饼子。在那个缺少主食和油水的年代，为了省玉米面，奶奶经常去海边摘“海白菜（后来他才知道那叫石莼）”，这个东西是粗纤维，相对别的海藻口感更好，更抗饿。奶奶经常用极少的苞米面掺上海白菜，贴饼子，口感不那么生涩，再放上些平时舍不得吃的，这就是改善生活了。海白菜这东西没有油水是没法吃的，但掺了“肉渍拉”就有了香味。直到20世纪80年代，奶奶才包起了海菜包子。因为那时有了稀罕的白面，“肉渍拉”和猪大油也比过去多了些。爷爷奶奶很能干，经常用满载而归的活鱼大虾换到猪肉吃。奶奶就

海菜包子

试着用白面放“肉渍拉”和猪大油包海菜包子，果然好吃，分配给左邻右舍，大家都说又香又鲜，都跟着奶奶学。

单联明说，1998年，他的妈妈承包了村里的饭店，顺势把海菜包子引了进去。一传十，十传百，大连人都知道旅顺海菜包子好吃，海菜包子也渐渐闻名遐迩。

他们家饭店的海菜包子供不应求，妈妈成了海菜包子的传承人。“老单家的海菜包子”名声早已在外，大连其他一些岛屿和海边的人们也跟风做起了这个营生。

单联明大学毕业后，也决定来做现代科学、美味养生的海菜包子。他在原有的饭店建起了海菜包子加工车间，在反复试验中积累了数据库，做成了四款无猪大油、照样又鲜又香、没有一点沙子、每个含七十克海菜的海菜包子，又通过快递，将海菜包子卖到了全国各地。

精品五花肉馅的是经典传承，精品素虾仁馅的展现花开满庭，精品素虾爬馅的又称紫气东来，精品素扇贝馅的谓之福星高照。

大连市中心医院内分泌科主任医师李永航告诉他，《海药本草》《中华本草》等古书有记载，海菜能够缓解或治疗许多疾病，因含丰富的藻类多糖，近年已经成为国家认定的功能性食品。单联明觉得自己有了一种社会价值：可以每天为全国人民送上千万只大连特色美味保健的海菜包子了。

海菜包子

奴役迁移带来的大连味

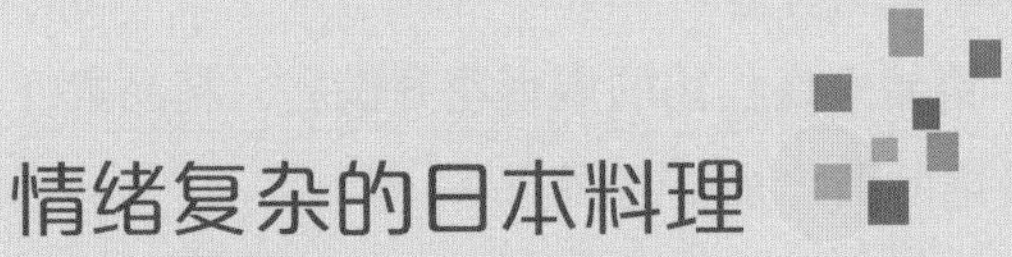

情绪复杂的日本料理

如果你想在这个世界上寻找一幅用食品做的画，那可能就是日本料理。走进几十家日本料理店后我发现，日本料理就是为做美食艺术家而来到这个世界上的。

在日本料理店，寿司、生鱼片、和牛、纳豆、日本面条等一系列如画般的美食，韵味不同、色彩鲜明地摆放在我们的面前。日本料理食材新鲜，色泽艳丽，重视原汁原味，生食种类比较多，所以原料中无论是鱼还是肉必须新鲜，品质上乘，决定日本料理价格的实际是原料本身。寿司和生鱼片都使用鱼肉，而各种各样的鱼肉中金枪鱼肉又是日本人的最爱。

据说日本人从古代就开始食用金枪鱼，考古学家曾在绳文时代的贝冢中发现了金枪鱼的骨头化石。金枪鱼本身还分为很多种类，其中叫作“本金枪鱼”的肉质最佳，价格也最高，而且根据部位的不同价格也有差异。鱼肉离骨头越远的部位肉质越细腻越好，这和牛羊猪肉离骨头越近肉越香正好相反。品质优秀的一条成年金枪鱼，大概的出售价格为一千万日元以上，如果一个家庭的小型捕鱼船出海后能够捕到这么一条鱼的话，就足够这一年的开销了。随着日式料理在世界上的流行，金枪鱼的价格更是水涨船高。在中国的大中城市中，随着日本料理的盛行，金枪鱼的需求量也急剧增大。

日本料理很有人气。原因在于这种美食追求天然，多使用鱼肉，美味健康，作为料理的一种，确实有其独特的魅力。

日本的“和牛”在当今世界也极具人气。“和牛”是日本在明治时代用日本本土牛和外国牛经过交配改良形成的专门用来食用的肉牛。主要品种为包括神户牛、松阪牛、近江牛在内的但马牛，一般价格也很高，原因是其生长周期较一般的牛长，采用天然绿色的饲养方法，工序复杂，很难大批量生产。和牛肉质好的原因不单是品种和饲料要好，成长环境也相当重要。在饲养时要营造一种优雅舒适的氛围，尽量避免给牛带来紧张感和压迫感，最好在适当的时间能让牛听上一小段音乐，对牛成长时牛肉的发育十分有利。

通过金枪鱼与和牛的例子，我们可以看出原材料在日本料理中的地位是决定性的。食材的好坏决定了日本料理的成败，原汁原味的好食材就能定位一家好的日本料理店。

1945年以前日本殖民统治大连时期，曾有25万日本人先后移民到了这座海滨城市。他们的到来，在给大连人带来灾难性痛苦的同时，也让大连人客观上认识了日本料理。日餐风味从这一时期开始，墨汁洒在宣纸上一般，慢慢在大连的主要街巷蔓延。

董长作大师告诉我，太远的大连日本料理无从考究，只是听说解放前大连最早的日本料理开在今天的友谊宾馆一带，是一位中国人开的，主要为日本人做员工餐。后来有人发现，大连的日本人在不断增加，就打起了日本料理的主意，在一些餐馆零星做起部分日本料理来。尽管如此，鲁菜仍然是大

割烹清水日本料理店

连街头的主打菜。

大连真正第一家规模完整的日本料理店，是最早建于新华街的割烹清水，也是1985年成立的东北地区第一家中日合资的餐饮企业。那家店的原址，就是现在的阳光医院。开业那天起，他们就在日本名厨的指导下，以其正宗的日本风味菜肴和地道的日式服务深受中外宾客的好评。目前，在鞍山、沈阳和其他城市开设了多家连锁分店。

因为城市建设规划，割烹清水现坐落在大连市风景秀丽的星海广场旁的国航大厦。

大连人对割烹清水有着难忘的记忆。大连天健网美食旅游栏目主编徐小凤就这样描写吃割烹清水的感受：

第一次品尝日本菜的时候，很小，小得记不住自己几岁。但我确定，那一年，那栋楼当时还不叫阳光医院。因为太小，吃的什么根本记不住！印象最深刻的，就是一种冰冷的咸菜，凉得我小乳牙隐隐作痛。后来没想到的是，年近而立会对这种料理疯狂迷恋。

这家店风风雨雨这么多年走到今天，在品质上，基本是有一个中档的保障的。即使是这样，我还是选出了两道特选料理，算是这家店的精致菜肴吧。

马肉刺身在日本是风月场所经常出现的一道菜。他们认为马肉可以增加活力，并有抗菌杀毒的功效。当然这都是笑谈。这种肉的味道稍稍有点酸味，油脂适中，初入口非常清淡，细细咀嚼之后有微微的脂香。配上一杯冰镇的朝日纯生就非常精妙，值得尝试。

散花寿司这道菜其他料理店很少出现，用当日新鲜食材搭配醋饭，非常棒！这里的散花寿司比后来提到的寿司什锦海鲜饭更鲜美，也没有深海鱼的油腻……

紧随割烹清水之后崛起的，就是红叶日本料理店。

红叶日本料理店诞生于1998年，最早设在中山广场大连宾馆一楼，做得很精致，名气也很大，整个装修由日本设计师设计，是标准的日式风格与日本料理。许多高级宴请，大连人一般都选择这里。一直做到2004年，改为日本料理素食店，2007年后才迁出大连宾馆。

从2000年开始，他们就在三八广场附近的明泽园28号开设了1号店。2002年，又在旁边的明泽园30号开设了规模完整的总店。2008年之后，在大连西部的黑石礁和大连北部的开发区又开了两家分店。

这家店的老板是一个学习烹饪出身的年轻人，叫周志强，一出手就不同凡响。这些年来，红叶日本料理店在大连日本料理史上创造了五个最早：大连最早一家被授权经营河豚鱼的日本料理店，大连最早推出自助日本料理每位200元的日本料理店，大连最早做会席料理的日本料理店，大连最早做日式火锅的日本料理店，大连最早推出Open式日本料理服务的店。

我曾经观赏过红叶日本料理黑石礁店的Open式日本料理服务，顿觉眼前一亮。忽而在变换的灯光的映射下，厨师身着蓝布厨服，用手指将盐末几乎弹成粉状曲线，落在你的食品上，让你享受美食的同时还享受日本料理秀带给你的愉悦感；忽而在你面前，又出现了和服美女靓男，与你面对面相坐，在你的餐桌前为你亲手捏制寿司……我问周董，Open式日本料理服务算不算英国学者《体验式消费》一书的理念体现，他说就算是吧。消费者与经营者互动体验式消费，近年在

位于三八广场的红叶日本料理店

日式刺身拼盘

美食概念中几乎统治了世界。大连红叶日本料理店，将“体验式”服务纳入新的服务理念，由此诞生了Open式日本料理服务理念，旨在张扬美食的开放性、体验式消费概念，做出了一个代表美食现代服务潮流的姿态。

大连红叶日本料理店在东北已经成为品牌名店，这些年在效益的稳定增长和菜肴出品的品质方面很棒，一提到日餐，大家就会想到红叶。

大连最优惠的日本料理价格是红叶开创的，马肉、大海虾、生拼刺身、天妇罗及各种寿司等200元每位自助式日本料理，大连人至今念念不忘。如今周志强已经把红叶开到了外地，并在加拿大与人合作开起中华料理店。

20世纪90年代左右，在大连青泥洼桥老动物园对面，就是渤海饭店一楼，开了一家以烧肉为主题的日本料理，叫弁斯日本料理。这应该是大连第一家以烧肉为主题的日本料理了。我记得当时采访一位早年被同乡骗到日本的大连人，就是在这家店。那位老先生是甘井子区营城子人，得知被朋友骗到日本正赶上日本人投降而不能回国后，用几乎一生的精力，为死去的124个中国劳工的冤魂奔走呼号，逼着日本政府为这124个中国人立起一块高高的醒目的石碑。我曾经把老先生的爱国热情写成4000多字的微型报告文学，发表在《大连晚报》上，并获了全国副刊奖。当时店里的厨师长，就是在日本认识这位大连爱国人士的。随着老动物园的搬迁，弁斯烧肉日本料理也悄声远去了。

大连银座日本料理店社长李娜，是在大连媒体上讲述日餐理念的第一人。她认为，日本料理是用眼睛来吃的，就是讲究视觉艺术。生鱼片红红绿绿的，配上各种主物、杂物铁板类的东西，这样一餐的装饰物配下来，用眼睛看，就会非常满足。她一直倡导绿色、健康的餐饮理念，倡导美食是人与自然界沟通的桥梁，那些符合大自然季节变化与生长规律的食材才是最营养和健康的理论。

海之乡是大连第一家做铁板秀的日本料理店，主营法式铁板烧和正宗日本料理。有人说，菊是第一家。我更赞成它们都是大连第一批做铁板烧的日本料理店，但第一家铁板秀，确实非海之乡莫属。铁板烧讲究的是食物的原始味道。厨师站在铁板烧宽敞的铁板餐桌前，将未经过腌制的海鲜或是极品牛肉放到加热的铁板上烤制，在烧烤过程中加入盐、胡椒两种调味品。铁板秀与铁板烧不同的是，食客在品尝美味佳肴的同时，还能欣赏厨师舞动刀叉调料瓶的精湛厨艺秀。

大连街头时下的日本料理，绝不逊色于日本本土，这一点我是非常相信的，而且在料理的丰富性上，与日本比，绝对有过之而无不及。比如使用山药泥与大量大头菜丝，搭配五花肉用铁板煎成的料理，在日本恐怕不一定有，那日式烧肉酱口味很浓厚，搭配美奈子与鲣鱼花，提高了香气和鲜味，下酒是好东西，同时更适合女性。

冒死吃日本料理，不是危言耸听。在日本料理当中，“冒死吃河豚”这句谚语大家也许都听过，当然，这种神经性的毒剂在现在养殖的河豚中已经很少了，还是比较安全的。但另一种牛肝

银座日本料理店

刺身，就得说道一番了。自然界中有一种常见的细菌叫大肠杆菌，我们的肠道中有时就可以检测得到。这种细菌的变异品种非常可怕，2011年在德国蔓延的这种细菌感染的死亡率接近10%。在日本的检测报告中，牛被检测出肠出血性大肠杆菌的概率在7%。所以生吃牛肝，真的是在冒险！牛肝刺身看上去极为新鲜，那种入口后的甜爽口感是任何食材代替不了的，搭配香油和盐，或者用酱油特制的酱汁蘸食，真是人间美味！

在大连有不少日本料理店是供应活鳗鱼的。活杀后炭火烤制，反复地浸泡陈年蒲烧酱，最后撒上一些山椒粉，非常好吃，活鳗鱼比较贵，蒲烧酱偏甜，很合口感。据说鳗鱼可以壮阳，许多男士很喜欢进这些有活鳗鱼的店。

冲渍又是大连街头比较流行的一道日本料理。冲渍是日式的传统食品，厨师将在小船上捕来的小乌贼，活活地放到用大量糖和酱油调成的酱汁里。小乌贼拼命地吐出墨汁吸入酱汁，似乎很绝望。初尝这道日本料理有些腥涩味道，这种刺激性很强的食物一旦搭配扎啤，就立刻爽快起来。

照烧鸡是过瘾的美味，照烧汁地道厚重，新鲜热乎乎地端上来，吃了非常过瘾，就是让人怀疑这是不是真正的日本料理。不过无所谓了，洋为中用，他为我用，只要大连人喜欢吃，正宗不正宗又何妨？

有人说，大连的日本料理在中国是最集中、品位最好的，这话并不显得夸张。大连的日资企业目前有4000家左右，你走在大连街上，二三十分钟就能碰见几个日本人，日本料理自然做得比其他城市丰富而精致。割烹清水、红叶、横滨港、大江户、菊、银座、银阁、海之乡等几十家日本料理店，每家都有自己的菜品特色或经营特色，为大连美食装点着华丽的颜色。

五四路烧烤穿越时光隧道

烧烤作为烹调方式，据说源自哥伦布来到美洲大陆时第一个遇到的印第安民族，就是这些印第安人教会了第一批欧洲来的水手们烧烤的方式和技巧，基本上是在户外燃烧木条，在火堆间放置石头，并在其上面烤肉。

烧烤在巴西南大河地区已经有超过200年的历史。牧牛郎们一边扎上一大块肉，放进火堆中烤制，一边侃侃而谈。而乌拉圭和阿根廷的部分地区处于食物丰盛地带，又孕育出了典型的南美洲式烧烤：一柄利刀、一堆火、一些木条、一大块肉，再加上一点粗盐，还有一些调料，就能饱餐一顿。

伏羲是中国文明的代表人物之一，伏羲精神代表着人类文化的创造精神。在远古时代，伏羲教会了人们捕鱼、捕鸟、捕兽，用火把鸟儿、鱼儿、兽儿烤熟了吃。从此，人们吃着香喷喷的烤肉，身体更健康了。为了纪念伏羲，人们把他称为“第一个用火烤熟兽肉的人”。从这个漫长的时间来看，中国人学会把食物烧烤着吃可能真是在世界上比较早的。考古学家在鲁南临沂市内五里堡村出土的一座东汉晚期石残墓中发现两方刻有烤肉串的汉人画像石，从画像石来看，1800年前鲁南民间就有了烧烤饮食风俗。

虽然在历史的长河中，大连特殊的移民经历使大连融入了一些像内蒙古、吉林、宁夏等地区有游牧家史或喜欢烧烤食品民族的人，但在20世纪二三十年代的大连餐饮江湖，鲁菜还是无形中的老大，即使在解放前后，大连街头做专业烧烤的人仍然极少见到，烧烤之夜星光寂寥。直到2003年9月，那条大连人至今怀念的五四路烧烤一条街才真正形成。

记不清是先跟朋友去感觉不错，然后带着儿子去的，还是和同事冒蒙走到那里的。大连五四路北侧那条街，到处都是烧烤，一打听，有30多户呐。整条街家家冒着带羊肉串烧烤香味的白烟，家家都顾客盈门。环顾四周，一片热闹非凡夹着乌烟瘴气的景象。门口烧炭的小伙计一边摆弄着炭火，一边和服务员往屋里让着客人，但绝不是生拉硬拽，只是说上一句“我们的味道不错”任凭你选择。

街口那家叫宏达的店位置很显眼，听说很不错，我们就走了进去。真的不错哎，羊肉小串是用红白相间的冻羊肉做的，调料里有茴香的滋味，海鲜很新鲜，海蛎子在火上烤开壳后，鲜滋滋的汤都流了出来，还没吃就流口水了。

旁边一家店很亮堂，叫台丽园，名字很平实也亲切，后来我还去了他家两次。还有一家叫禧年烧烤的，人也很多，大家都是冲着他家的大小羊肉串去的，孜然厚厚地撒在羊肉串上，香味飘得很远，撩动着人的馋欲。

记得十姐妹烧烤也是一家火爆的店，海鲜很新鲜，羊肉串的肉品白里透红，朴实憨厚的几个农村打扮的小姐妹服务更是热情。没等你张口要，她们就把餐巾纸递过来了。你都纳闷了：她们怎么知道我想要餐巾纸？

那时大连的烧烤很有特点，开始都是学新疆，慢慢发展出特有的小串，用本身就肥瘦相间的冻羊肉，事前不煨制，客人能吃出羊肉的本味。冻肉烤出来有鲜嫩多汁的特点，加上那股幽幽的孜然味，美味极了。在烧烤街上吃烧烤，小串是主食，烤馒头、烤饼子倒成了配菜了。一样的东西，各家店做出来味道可不一样，很是奇怪。大串味道就比较上乘，大口吞着焦香的烤串，大口干几杯爽口的黑狮、凯龙啤酒，就那一阵，死都觉得值了。

奇怪的是，这五四路的烤小串怎么吃也不腻人，一礼拜不吃就快想疯了。大连人多年来多半都有一种饮食习惯，时间一长没吃到烧烤就想了，一定要找个地方去吃一顿羊肉串，无论是大串还是小串，能解解馋就行啊。

那时在五四路烧烤一条街的影响下，友好路烧烤街、山东路烧烤街、马栏子烧烤街等多条烧烤街先后也慢慢形成了。

逐渐地，烧烤一条街有些不行了，有的烧烤店开始往羊肉里掺假羊肉，甚至用死猫烂狗肉往里掺，用嫩肉粉掩盖味道。每天烧烤街上烟熏火燎，呛得过路人直咳嗽，家家烧烤店处理的臭烘烘的污水四处流淌。政府当然不能让，三令五申要求注意城市环境卫生保护。正赶上城市完善规划建设，于是这条只存活了几年的烧烤一条街便销声匿迹了。

烧烤真不愧为大连人的饮食情结，当2009年五四路烧烤一条街已不复存在的时候，大连相当一部分人通过各种方式，呼唤这条街赶快回来。市政府自然要考虑民众的声音，组织这些烧烤店主探讨大连烧烤的去向，采纳大家的想法，把他们分流安排在不同的区域。比如禧年烧烤搬到了集贤街，宏达烧烤搬到了成仁街，十姐妹烧烤搬到了唐山街等。

这时候，特色地域时尚烧烤在人们逐渐追求卫生干净的同时受人关注起来。2004年，一个叫康姐的活羊烧烤店诞生了，康姐以其朴实厚道、物美价廉、干净卫生、羊肉纯正的餐饮形象，立刻受到烧烤粉丝们的拥戴。由于康姐的羊肉店与内蒙古海拉尔签订了长年的羊肉合同，因此一直没有掺假的羊肉，让吃货们不知不觉地在心里对它竖起了大拇指，也树起了康姐大连烧烤的品牌形象。董事长张振新多年强调的只有一句话：我们康姐家任何时候都不允许卖假羊肉，谁卖就开除谁。康姐总厨刘仁照原来就是一位擅长调理滋味的中餐烹饪大师，在董事长的支持下，他大胆将中餐的复合滋味融入烧烤之中，成为许多烧烤粉丝离不开的味道。目前他们在大连的多家烧烤店生意很红火。2012年，在《大连晚报》、大连旅游行业协会和华润雪花啤酒（大连）有限公司举办的美食大赛中，康姐烧烤店一举夺得“大连烧烤王” 称号。

烧烤带来的污染，使大连市政府坚定了支持星级酒店设立啤酒花园烧烤的决心。这一决心的产生，与一家四星级酒店有着直接的关系。

大连有了啤酒花园烧烤

大连有一家早已被人遗忘的四星级酒店，叫万达国际饭店。由于万达集团的发展战略，这家酒店在2011年被出售了。大连人却难以忘记，这曾经是一家十分辉煌的酒店，当年的总经理褚宝玉曾在美国夏威夷酒店管理学院学习过，有着十分前卫的酒店管理理念。他以超群的洞察力、孜孜不倦的职业精神，使万达国际饭店创造了多个大连星级酒店第一：第一个开创了星级酒店啤酒花园，第一个在顾客面前明厨亮灶，第一个设记者楼层，第一个设女士楼层，第一个设星级酒店蒙古包烧烤园，第一个定期组织酒店客人举行野外垂钓烧烤活动等。正是这么多个第一，使酒店不断受到新闻媒体与中外客人的关注，十几年来的住店率与餐饮效益，在大连四星级酒店中遥遥领先。尤其是第一个星级酒店啤酒花园的烧烤，给大连人留下了深刻的印象。

当年的万达国际啤酒花园烧烤

1998年开始的每年夏秋的晚上，万达国际饭店门前啤酒花园的烧烤就会在酒店内外四处飘香。当美国人发明了用炉架等设备来烧烤食物的时候，褚宝玉已经从容地把厨师装高厨帽和这先进的烧烤设备，与这漂亮浪漫的啤酒花园干净完美地结合在了一起。这里的炭火炝烟被有效地降至最弱，厨师戴着洁净的手套在摆弄烧烤牛羊肉串，海鲜的烤法加入了少许的烹饪技巧，爽口的扎啤均匀地裹着浓浓的鲜香，时而举起杯来和老外友好地打个招呼，人们似乎在一个充满香气的神话花园里，不分国籍地友好相处。许多市民从星级酒店啤酒花园烧烤中享受到了浪漫和新鲜的乐趣，其他酒店经营者们从吃货们的笑脸中看到了隐含的巨大商机和潜在市场。褚宝玉当时的助手、总经理助理何刚，在执行褚宝玉关于啤酒花园烧烤的理念上，执着坚持，效果奇好。

褚宝玉创立了大连第一个星级酒店啤酒花园烧烤——万达国际饭店啤酒花园烧烤

继万达国际饭店啤酒花园烧烤之后，1999年开始，富丽华大酒店、香格里拉大饭店、大连日航饭店、凯宾斯基饭店、嘉信酒店、仲夏花园酒店等大连四星、五星级酒店，都陆续开始设立啤酒花园烧烤。人们从星级酒店啤酒花园烧烤中，找到了万达国际饭店那样享受的地方。

“四星级万达国际饭店啤酒花园的烧烤，对大连烧烤的城市文明形象有着开星级酒店先河的历史意义。”

无论是媒体还是政府有关部门，都这么认为。

星级酒店的优势自不必说，干净卫生的烧烤是很多人十分向往的，可是大连还有那么多大街小巷的烧烤在脏乱差的环境中无力自拔，他们需要更多人的改变，需要一条干净的烧烤街或一家家干净的街头烧烤店，需要像五四路烧烤一条街初期那样，没有任何假冒伪劣的羊肉串。政府鼓励街头烧烤店也能像万达国际饭店那样干净优雅起来。

在这个大气候下，一家新的街头烧烤店映入了大连人的眼帘。

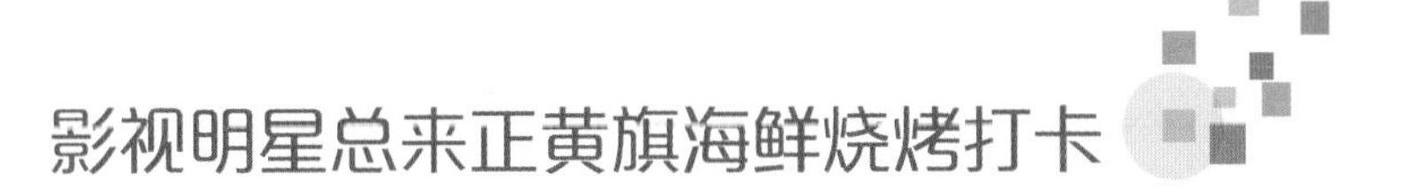

影视明星总来正黄旗海鲜烧烤打卡

晚上九点三十分，吃完海鲜烧烤往门外走，看到门前居然坐了一堆手持小票等座的人。我数了数，36个人，都这么晚了，居然还这么多人！

大连烧烤店十多年来发展迅速，海鲜烧烤也是随之发展起来的一个城市美食特色主题。这家正黄旗海鲜烧烤店在延安路上，老板程培洪是位大厨，店名是他给满族八旗出身的妻子的一个惊喜。每个厨师都想最终有一个自己的餐饮店，他不到40岁就实现了这个愿望。

作为中国烹饪大师和高级技师，在大连有着“专注手选海鲜25年”声誉的程培洪认为，追崇好食材，是一种美食生活态度，也是他的厨艺态度。

他曾是大连知名海鲜大酒店厨师长，对食材的要求比一般厨师严格多了。他告诉我，春秋战国时鳖类美味被视为最上品的食材；汉代饮食讲究吃羊肉“挑肥拣瘦”，所以挑选肥羊成了时尚；唐宋时期，奉为待客上品的细白肥嫩松江鲈鱼是抢手货；明代以“吃遍天下鲜”为美食风尚，“甘鲜”是选择食材的首选。

“自己买，心有数。”开海鲜烧烤店的程培洪最让供应商头疼：给他的食材，必须是一流的，差一点他都不要。

论起好的大连当地海鲜食材，谁也糊弄不了他：海洋岛的野生虾夷贝、黑海胆、黄鱼和海螺，肉紧实，最鲜美；小平岛至黄泥川一带的黄海胆和老铁山金黄饱满的黑海胆是大连最好的海胆；肉质挺肥硕的虾爬子，非杏树屯莫属；獐子岛的野生大生蚝（海蛎子）和底播大虾夷贝，不仅个个保肥，蛎黄亮闪闪颤微微，而且绝对天然牧养，无任何添加与污染；偏腚波螺、花蚬子和珍珠小滚蛎子等小海鲜，必须是黄龙尾的，因属渤海湾的这片海域含盐量偏高，海鲜格外鲜美。

尽管一些海鲜供应商起先不愿和他合作，可最后还是大都选择了他：海洋岛的黑海胆，平均一天就需采购二百多只，黄鱼一百多斤；小平岛的黄海胆和老铁山的黑海胆，一天均进一百多只；獐子岛的野生大生蚝和底播大虾夷贝，一天要进上百只；杏树屯的虾爬子一天也要上百斤，黄龙尾的偏腚波螺、花蚬子和珍珠小滚蛎子等小海鲜，一天也需要近百斤。进货量大，当场付款，哪个海鲜供应商不乐意，那就是傻了。

这些海鲜供应商做了一个无奈之举：每天他来拿货，只能允许他全部单个用手挑选，管他一个个捏和捡，一捡就是两个多小时。这可是财神爷啊。关键是，他每天采购成本高出其他客户百分之五，这多过瘾啊。

在大连，一家四百多个座位的海鲜烧烤店是没人敢轻易开的，程培洪开了，还一开就是三家大店。在国内权威网络平台上，正黄旗海鲜烧烤店在大连地区几年间一直排名第一。六七年里，凡是来到大连拍摄影视剧的明星大腕，基本都到他家吃过海鲜烧烤。还有的一下飞机，直扑这家烧烤店。明星们说，这家店的海鲜个儿大、肥实、东西好。

一位海鲜饭店的老板娘经常在这里请客，程培洪问，你为什么不在自己的店里请？她说，你这儿食材好啊。这话说的有些酸不溜儿的。

一个厨师一旦做了饭店老板就了不得：他懂食材，又懂成本和厨艺，有了这三项控制，市场无论怎样变化，也奈何不了他。市场诱惑多大，他都是一颗平常心，绝不以次充好，这样就有可能挺出一个老字号品牌来。

正黄旗海鲜烧烤，绝对是大连新一代餐饮的一种进步现象代表。

金州老菜上了“两会”

2012年的全国“两会”刚开，大连媒体就传来重磅喜讯：大连金州新区6名老菜传人进京掌勺，为“两会”代表献出了大连区域特色美食。

大连金州新区美食文化协会会长张学安说，金州老菜共有700多道菜品，有着浓郁的海洋文化特色，技法以蒸、煮、炒、炖、烧、煎、烤、煨为主。但究竟选哪些菜进京，确实费思量。入选的菜品不仅要有金州老菜的特点，还要保证健康和营养。经过数月筹备改良，最终确定了115种美食，其中包括80道菜、20道主食和15个汤品。其中有的菜品曾面临失传，经过抢救性挖掘才保留下来。此次进京的菜品大都比较清淡，具备了食材应季、原汁原味、技法考究、营养全面四个特点。这也是东北菜系首次进入“两会”。

金州老菜源于官府菜，自西汉年间就开始出现，特别是在明代金州副都统衙署设立以来，政治、经济活动频繁，餐饮业日益繁荣，地方官厨不断增加，官厨间交流活跃，金州官府菜逐渐形成体系。道光二十三年（1843年），熊岳副都统衙署移至金州，称为金州副都统衙署，统领金、复、海、盖等地，成为正二品军事衙署，故清政府特从北京选派宫廷御厨孙怀为将军恩佑的大官厨。孙怀将长期在当地采集到的美食风味与宫廷菜细心融合，逐渐整理出一套完整的地方菜体系，金州菜就诞生了，孙怀由此成为金州菜系的开山鼻祖。之后，栾兆昌、关喜运、王寿璞、张学安等高徒世代相传，不断开拓创新，提高烹饪技艺，使金州菜系日益发展壮大，延续至今。

金州老菜最辉煌时，曾遍布金州城乡乃至整个辽宁，远传到苏联、日本、朝鲜等国。由于是师徒间或是家族内的传承，操作技艺繁琐，难以掌握，培养一个成手厨师需要3年左右的时间，如今在现代快餐业的冲击下，会做正宗金州老菜的人越来越少。

金州老菜历史上最有名的宴席就是“三道饭席”。三道饭席属金州副都统衙署顶级宴席，菜品阵容庞大，特点以鲜咸口味为主，讲究清淡，一菜一格。三道饭席是指每上一道大菜带四个中件，随即上一道饭及点心四样，全席共三道大菜配十二个中件。整套席面，干鲜果、蜜饯、冷荤、大菜、中件、点心饭菜等件数为四五十个，堪称豪华。

宴席上菜顺序严格，席间先上压桌碟四干果、四蜜饯，最后上四鲜果。菜的顺序是先冷后热、先珍贵后一般时鲜，最后上饭菜。

金州老菜讲究海鲜与蔬菜搭配，动物性原料与菌类搭配，海藻类与动物性原料相配，各种小海鲜互相搭配。在烹制海鲜时，调料是慎用的，尤其是调料中的五白（盐、味素、白糖、猪油、淀粉）更要严格控制，以防伤害人体。不论是海产品还是蔬菜水果，都有“过时不食”之说。比如开凌梭，必须是早春尚未张口吃食的梭鱼，凡吃过食的梭鱼就不叫开凌梭，也绝不上桌。再比如鲅鱼，必须是深秋初冬上来的鱼才能用，这就是所谓的梭鱼头、鲅鱼尾。槐树花开时，针良鱼下来了，也正是水萝卜登市季节，针良鱼炖水萝卜正是一道时令好菜。还有炒韭菜，用的都是开春后的第一刀韭菜，因为金州当地有“六月韭菜臭死狗”的说法。

一道美食名肴，常常就能带动一方经济。这话并不夸张，重庆火锅、佛

国内烹饪大师鉴定金州菜现场

跳墙、鱼翅捞饭、葱烧海参就是著名的例子。金州老菜在大连也有了这样的可能：2010年1月26日，中国烹饪协会多名权威烹饪大师从北京、河南、沈阳等地纷纷赶到大连，为金州老菜进行了鉴定，把三道饭席鉴定为金州菜系的特色代表。

在鉴定推介会现场，金州菜系第四代传人王寿璞老人说起金州老菜满脸泛着红光。据他回忆，金州菜系主要分为三道饭席、地方宴席、地方小吃和创新菜品四部分。

三道饭席是金州官府当时的顶级宴席，名贵食材当时有南洋群岛的燕菜，长白山的熊掌和哈什蚂，金州紫鲍、海刺参、鱼翅、鱼唇、海蟹、对虾、加吉鱼、开凌梭等。根据宴请的规格分为高、中、低三个档次，高档的是燕、翅、鸭全席，中档为鱼翅席，低档为海参席。

地方宴席又称为金州当地老席，全拼八碟八碗酒席、六碟六碗酒席、四碟八碗酒席、半桌头酒席就是地方宴席的代表。

地方小吃包括了金州驴肉包、菜脐溜、鱼卤小面、金州羊汤、金州烩勺面等小吃，其中部分地方小吃中的金州老菜已申报市级非物质文化遗产。

近年来在继承传统的基础上博采众家之长的创新菜品，更具金州老菜食材特征的现代色彩。

北京著名烹饪大师董振祥、辽菜大师王久章、徽菜大师陶连喜、大连老菜传承大师牟传仁、大连烹饪大师杜兆生等一批国内权威专家共同认定，金州菜系历史悠久，菜品独特，文化底蕴深厚，在选料上注重时令，烹饪时讲究火功，不破坏营养元素，口味鲜咸，原汁原味，色香味营养俱全，具有很高的文化品位和推介价值。金州菜选料精良，梭鱼头、鲅鱼尾、一刀韭等就是明证，肉品瘦而不柴，脆而不焦，清香爽口，回味无穷。

金州小吃是金州菜系的重要组成部分，一般谈到金州菜系都不会把金州小吃割裂开来。

20世纪40年代，大连金州城有一家低矮的普通店铺，没有鲜艳的字号，只有大红灯笼上写着六个大字——真正驴肉包子。就是这家不起眼的小店，方圆几十里地没有不知道的，是金州最叫座的驴肉包子铺。

据说，这个包子铺是20世纪20年代一户姓董的人家开的饭馆，后来一个叫于天吉的人接手，开了驴肉包子铺，不久又兑给了伙计徐长荣。从20世纪

收徒拜师仪式

20年代到40年代，徐长荣开的这家驴肉包子铺是最负盛名的。

据徐长荣的侄子徐延良说，徐长荣的驴肉包子每10斤驴肉掺上2斤肥猪肉和2斤小海蛎子，再加上各种调料，一起调和好，这样的包子汤鲜肉香，油而不腻。如果全部用驴肉做馅，馅发艮，不好吃。徐长荣的驴肉包子铺每天顾客盈门，有的人是专门从大连或其他地方来，品尝这鲜香的包子，还有的人来买了馅带回去自己做。

后来驴肉在市场上开始短缺，徐长荣的驴肉包子铺最后也不得不歇业了。不过，他的驴肉包子烹饪技艺却成为金州人的美谈。

老金州南街有一个羊肉馆，掌柜叫李延年，每天除了做各种羊肉炒菜外，还有羊肉包子和叉子火烧。他制作的羊肉包子馅里掺了猪肉，膻味小多了，又加了小海蛎子，比较鲜香，知名度不比驴肉包子差。

当然，他的拿手美味就是那叉子火烧了。在和好的面上，撒上细盐，涂上豆油，捻上芝麻，抹上佐料，在花模压实倒出来，放在铁叉子上烧烤，外焦酥脆，内润香软。

李延年于20世纪50年代作古，无人继承的叉子火烧只能成为金州美食的一大憾事。有人说，如前所述的刘豆腐脑跟叉子火烧一样，真实情况是早已失传，普照街小吃的刘豆腐脑根本不是金州的刘豆腐脑，我以为这已无意义，关键是如今的豆腐脑做的究竟好不好吃。

徐学林，大连益昌凝糕点第四代传人。

益昌凝糕点铺是由吴洪恩先生于1869年在金州古城里创建的，主要以中式传统糕点、软硬八件、套环酥、江米条、光头饼、状元饼、元宵、月饼为主要生产品种，曾风靡金州古城，为金州百姓津津乐道。吴洪恩去世后，由儿子接班，1950年儿子去世，由吴洪恩孙子吴智明先生接班，当时吴智明只有15岁，1956年公私合营成为大连金州益昌凝糕点厂，吴智明先生一直负责技术生产，并于1985年退休。益昌凝糕点厂于2005年歇业。

为挖掘传承，弘扬传统食品文化，大连凯林集团董事长徐学林于2009年11月正式拜吴智明老先生为师。拜师仪式后，徐学林成为益昌凝糕点第四代传人，并成立金州第一家百年老字号店铺，重现益昌凝糕点的原貌，再创传统食品的辉煌。

大骨鸡的两岸味道

世界上有一些成功，往往是通过“墙里开花墙外香”的方式创造的。庄河大骨鸡，经历的就是这样的过程。

20世纪60年代，在中国就有“蒙古马、秦川牛、长白猪、庄河鸡”四大美食品牌之说，在大连地区更有“金州马、新金猪、复州牛、庄河鸡”“四大名旦”之说。庄河大骨鸡又名庄河鸡，是我国著名的肉蛋兼用型地方良种，主产于庄河市境内。早在清朝乾隆年间，山东移民大量迁入庄河，带来了山东寿光鸡和九斤黄鸡。这两种鸡与当地土鸡杂交后，又经过老百姓多年选育，最终形成远近闻名的庄河大骨鸡，一直被誉为“天下第一鸡”，又有“鸡中凤凰”之美称，目前已是国家级畜禽保护品种、中国绿色食品发展中心认证的绿色食品，也是国家地理标志产品。

庄河大骨鸡肉质鲜美细腻，营养丰富。大骨鸡成菜后肉块油亮光滑、色泽微红、肉感十足，醇香满室，未吃食欲便被挑动；吃一口肉味丰富、弹性十足、齿颊留香，唇齿之间满是古老的乡野感觉，每每勾起童年时吃鸡的回忆，特别是农家散养的大骨鸡，尤为美食上品。在当地的百姓中流传着这样的顺口溜："农家老大嫂，架起大铁锅，烧起大柴棒，炖着大骨鸡。"农家炖大骨鸡要选用毛色鲜亮、胸深背阔的鸡，同宽粉丝、蘑菇等，在火上要炖上两个多小时，让各种调料渗透其中，食用起来肉鲜汤美，别具农家风味。庄河大骨鸡作为肉食鸡类的高端品种，由于其营养价值比一般家养鸡高、保健功能显著，且食用安全，深受国内消费者喜爱。2004年，袋装白条庄河大骨鸡和大骨鸡鸡蛋就已经远销日本和中国港澳台地区。

坊间传说，"凤百年"庄河大骨鸡的历史可追溯到清乾隆年间。相传，一次乾隆帝出游途中偶遇凤凰，为赏其貌追至一座幽静山村，却被一股扑鼻香气所吸引。原来一农家正在炖制当地特产土鸡。乾隆帝不禁向农家讨要一碗品尝，顿时被其润滑的肉感及鲜美的味道所折服。后经农家介绍得知，此肴名曰"大骨鸡"，不只肉鲜味美，更有极高的营养价值，是当地宴请宾朋、滋补身体之首选。乾隆大悦，因随凤而来，即赐名为"凤"。此后，御膳之中亦有"凤"之名，并历经百年沿用至今，遂称其"凤百年"。

当然这只是个传说，在庄河的历史长卷里我还没有发现乾隆来过这里。

可能是因为大骨鸡品牌太响，有些不法商贩打起假冒伪劣的主意。一时间，大连街头巷尾真真假假满城皆是大骨鸡，稍有些内幕消息的人渐渐远离大骨鸡，想吃的人毫不在乎车马费，宁愿开车跑到庄河乡间去买真货。如此一来，庄河大骨鸡市场受到了挺大的影响。一些相关部门让大骨鸡随行就市，他们似乎并不懂得这样一个道理：品牌是需要爱惜和保护的。

对于为此事忧心烦恼的"凤百年"庄河大骨鸡掌门人黄晓东来说，2009年的夏天，却突然有了一种"千树万树梨花开"的感觉。他多年来精心打造的"凤百年"庄河大骨鸡品牌，陆续得到了港澳台朋友与客户的订单和合作协议。

第一个好消息，是台湾"蔡家食谱"首道名菜就是大骨鸡。

21世纪初，台湾富商蔡辰男先生带着投资的愿望来到大连，认识并品尝了营养价值高出一般家养鸡的大骨鸡，萌生了经营这道佳肴的念头。这时候，他已将自家在台湾的名馆子"蔡家食谱"做到了江浙沪，仅上海就有四家，两岸饮食文化的整合也有了新的突破。蔡夫人是台湾宜兰人，对宜兰菜中的一道炖汤特别偏爱，汤里除了甘蔗、蒜苗、白果、五花肉、猪肚、猪肺等，最重要的就是蔡先生推荐的大连庄河大骨鸡了。他觉得，这种鸡很适合做他妻子娘家的鸡汤。他用庄河大骨鸡做的这道汤菜，味道出奇鲜美，是“蔡家食谱”卖得一直很火的一道名菜。香港著名美食作家薛兴国曾撰文称，“‘蔡家食谱’吃出两岸文化味道”。

黄晓东决定抓住“蔡家食谱”这条红线，把庄河大骨鸡品牌在港澳台彻底打响。

黄晓东得到的第二个好消息，是庄河大骨鸡也受到港澳客人的青睐。

庄河大骨鸡“凤百年”品牌打造人黄晓东

葡国鸡是澳门地区饮食行业最具特色的一道名菜，这道菜的做法已经非常成熟且广泛普及，但是，若想做出色香味俱佳的葡国鸡，鸡肉的品质特别重要。2009年8月19日，黄晓东在庄河盛情接待了澳门大学的朋友陈先生一行。陈先生在澳门开了几家经营葡国鸡的馆子，据说还不错。席间黄晓东亲自下厨，采用上等庄河大骨鸡鸡肉作为原料，根据葡国鸡的做法，为澳门朋友烧制了一道颇具特色的庄河葡国鸡，这道菜的鲜美令澳门客人筷不停手，赞不绝口。返回澳门前陈先生还主动向他索要了8只庄河大骨鸡鸡腿。

陈先生回去后，又请香港尖沙咀“鹿鸣春”的一位厨师朋友吃饭，做的就是这道庄河大骨鸡。这位厨师居然知道庄河大骨鸡在内地很有名，之后推荐给了老板和其他几家饭店。不久，订单就来了。听说“鹿鸣春”一家店，一上就是十几件。香港中环的名店“镛记”和元朗的“大荣华”也有协议跟来。几家做香港鸡仔饼的店闻之也有进大连庄河大骨鸡的打算，他们罐装或盒装的鸡仔饼可是远销东南亚的。

第三个好消息，是台湾商人想做“大骨鸡”旅游特色食品。

时间回到2008年12月20日，大连机场开通至台湾互飞往返航班，成为东北第一个开通两岸包机航班的城市。在大连开发区投资建厂，已有5年没有回乡探望的台商林总，成为飞往宝岛台湾第一班客机的客人。临行之时，林总想给家乡人带点具有地方风味的大连特产，思来想去最后决定带两样，一个是“财神岛”的大连海参，另一个就是“凤百年”庄河大骨鸡。

林先生回台湾后，知道“蔡家食谱”已有这道名菜甚是高兴。有台湾朋友希望他做大连旅游特色食品，于是他又与黄晓东进入商谈“凤百年”庄河大骨鸡的真空包装旅游特色食品的合作事宜。

在大连市场还没有做出大名堂的庄河大骨鸡，却成了港澳台客人青睐的美食，“墙里开花墙外香”，让黄晓东感慨不已。

一个能流芳百世的名字，绝非浪得虚名。庄河大骨鸡亦是如此，大骨鸡的营养价值更是几代人看重的。

黄晓东告诉我，庄河大骨鸡是地方界定区域内传统的家禽精品和享誉古今中外的知名品牌。《辞海》中的词条表述：“大骨鸡，也叫‘庄河鸡’。中国鸡的优良地方品种。原产辽宁庄河、丹东、凤城一带。体躯大，头颈粗，胸深背宽，脚趾粗壮。单冠。毛色有黄、黑与草白三种，经选育后为麻黄色，羽毛丰满。公鸡体重约3千克，母鸡约2.5千克。年产蛋约160个，蛋重65克左右，壳深褐色。”另据《庄河县志》记载，庄河大骨鸡“腿高颈粗胸裆宽，红毛黄腿啼鸣晚，好似骆驼蹦不高，蛋大腰圆尾巴短”。

庄河大骨鸡基本特征为公鸡体大，母鸡蛋大，抗病力强，耐粗饲料，肉丝红嫩，味道鲜美，营养丰富，食药兼用，被誉为“鸡中之王”和“鸡中凤凰”。其中散养大骨鸡的基本特征为“闯荒山岭，踏绿草皮，食百昆虫，饮山溪水，蹲阴凉处，鸣朝阳坡，家鸡山养，溜达散放，肌肉发达，野味异香，堪称‘绿色食品’”。庄河大骨鸡鸡蛋以“蛋壳褐色，蛋清晶莹，蛋黄细腻，蛋质优良，蛋养丰富”为特点，长期成为市场上抢手的“宝贝蛋”。

庄河大骨鸡脂肪低于普通鸡的15.5%，胆固醇低于普通鸡的44.3%，蛋白质高于普通鸡的10.1%，锰高于普通鸡的30.3%，锌高于普通鸡的30.8%，铁高于普通鸡的64.4%。这组数据证实，庄河大骨鸡不愧为中国著名肉食品牌。

喜用庄河大骨鸡烹饪菜肴的国宴大师董长作认为，庄河大骨鸡营养比一般鸡丰富。庄河大骨鸡散养粗饲，耐寒抗病，因而其蛋质尤佳。大骨鸡鸡蛋蛋壳光洁，蛋黄杏红，蛋清澄澈，富含人体必需的多种氨基酸、不饱和脂肪酸和维生素，对人体有益的微量元素含量偏高，其中钙含量超过一般人工“高钙”食品。庄河大骨鸡无论肉质还是蛋质均优于普通鸡种，历来为产妇、老人、术后及体弱者滋补之佳品，缺铁、缺锌、缺钙者及运动员等人群，强身健体应首选它。

大骨鸡一般在林地散养，觅食以草籽、昆虫为主。又因庄河特殊的丘陵地势，使大骨鸡的活动能力得以提高，保证了肉质的紧密性，所以才会有嫩滑味鲜的口感。庄河是湿润地区，利于玉米、水稻等农作物的生长。北部山区盛产柞蚕，沿海水产资源丰富，大量的天然虫草及矿物质饲料为大骨鸡散养提供了充足的天然饲料，同时又使其饱含人体所需的多种氨基酸。

庄河大骨鸡肉质非常鲜美

以庄河大骨鸡为原料做菜是董大师的绝活之一，他说，庄河大骨鸡怎么做都很美味，炖大骨鸡，鸡肉香嫩可口，鸡汤鲜美；大骨鸡冻清爽可口；滋补药膳大骨鸡能益气补血补肾长寿。产妇滋补，就用大骨鸡汤，能补肝肾，益气血，祛寒化淤止痛，对产妇眩晕、心跳加快、面色灰黄都有疗效。

大骨鸡如果用家常做法，口味更加鲜香浓厚，关键是一定要将大骨鸡用豆油煸炒断生后，再加入调味料和汤，否则鸡肉土腥味去不掉。

在电影史上，用鸡来当角色是少见的。曾经却有一部电影《冰峪沟》，就是用这辽宁畜牧业“四大名旦”之一的庄河大骨鸡，给观众讲了一个品牌致富的故事，牛吧！

无论你对庄河大骨鸡市场是否看好，庄河大骨鸡的品牌价值却一直无人怀疑过。况且，它还填补了大连市地理标志证明商标的一项空白。

翻阅庄河大骨鸡的历史书卷，谁都得心服口服。1975年，庄河大骨鸡首次参展广交会。1984年，庄河大骨鸡出展美国，首次争得国际美誉。1987年，庄河大骨鸡被辽宁省政府授予“科技成果奖”。1988年，庄河大骨鸡又在北京博览会上展出。2000年9月，庄河大骨鸡被首届中国（沈阳）国际农业博览会列为“国家级畜禽资源保护品种”。2006年，被国家工商行政管理总局注册为地理证明商标。

大骨鸡品牌市场正在逐步回归。新金猪和复州牛又是如何的命运呢？

雪龙黑牛成为中国“神户牛肉”

2002年7月4日，大连雪龙产业集团有限公司成立，这是一家集高档肉牛育种、繁育、饲养、屠宰、精深加工，有机肥料生产及稻草制品熏蒸出口等产业于一体的农业产业化龙头企业。雪龙牛肉从2008年开始大规模供应国内市场，目前已成为我国具有自主知识产权、填补国内高档牛肉空白的民族牛肉品牌。继为2008年北京奥运会核心区供应牛肉之后，在上海世博会上，雪龙集团又成为世博园内各大餐厅的牛肉供应企业。2010年4月30日晚，在上海国际会议中心华夏厅，胡锦涛主席招待各国贵宾的宴会上，选用的就是雪龙集团供应给国宴中心的5A三角牛腩部位，被称为上海海派菜中的“一品雪花牛肉”，该部位牛肉雪花纹理清晰优美、入口即溶，被来宾称为极品高档牛肉。

雪龙牛肉

因为创办雪龙肥牛基地
受到国家领导人关注的邢雪森

“大连宾馆和棒棰岛宾馆这几年一直在用雪龙黑牛，”董大师解释说，“我们都知道，日本神户牛肉入口即化世界一流，雪龙牛肉就是中国的神户牛肉。做牛排，做牛肉粒菜，做酱牛肉，食材再好不过了。”

雪龙黑牛确实是中国牛肉市场的“大哥大”。2010年5月4日下午，当时的中共中央政治局常委、国务院副总理李克强，陪同朝鲜劳动党总书记金正日，视察了瓦房店市炮台镇雪龙牧场。这是李克强副总理第二次来这里视察。时任国务院总理温家宝、欧盟委员会农业大臣、阿塞拜疆外交大使、柬埔寨亲王及夫人、越南国家副主席、朝鲜内阁总理等国内外首脑政要等，也纷纷前来视察，其规模和影响程度日益扩大。2012年6月21日至27日，日本当代著名画家由里本来到雪龙牧场，在深层次见识了雪龙黑牛的优质后，画下了雪龙黑牛系列彩墨画，栩栩如生的作品让人惊叹。

“国内外宾客都对一品雪花牛肉赞不绝口，没想到这种牛肉是大连生产的，大家都为能有这么好的国产牛肉感到骄傲。”大连雪龙产业集团有限公司创始人邢雪森记忆最深的，当然是领导人这番让他感到责任重大的话。

请看北京生活达人“一笑天真”2009年1月3日在一家餐厅品尝雪龙黑牛后在微博上的描述：

这是双面煎，看着同伴们吃着三分熟的牛排，我却还是更喜欢七分熟的牛肉，看红色瘦肉中镶嵌着白色花纹的雪龙牛肉，是不是很美味，闻到香味了没？

鲜嫩的牛肉，入口即化，只需要一点椒盐，一点炒蒜，便美味可口，回味无穷。

牛排看雪花，雪花越大越明显，口感会越好，我不太相信，但是吃完以后我相信了，果然如此，那块瘦的牛排又硬又没口感。雪龙牛肉在肉质上完全实现了日本和牛“雪花状脂肪分布”的特点，其肉质柔嫩香甜，入口

矗立在天津街上的雪龙黑牛餐厅

即化，大家看那雪花状的脂肪真是又有营养，又有观赏价值啊！

雪龙黑牛从大连市场走出来，销售行情在全国好多城市一路上扬，复州牛的身影越发淡漠了，难道是复州牛的灵魂在雪龙黑牛身上附体了？嗨！这还真是有点关系。原来雪龙黑牛的老母亲是复州牛，老父亲虽然是从澳大利亚引进的，但据说也具备日本和牛的血统。雪龙黑牛继承了复州牛和日本和牛各自的优良性状。那雪龙黑牛的牛肉品质理所当然是可以被竖起拇指来大加赞誉了。

元朝那碗羊汤

手捧一碗羊汤，你突然发现它在元朝时就在你出生的地方出现了，你肯定会一激灵，或者有些感动。一碗穿越历史的美食，一定是一本底蕴很深的书。

前面说过，大连的第三次移民，是元世祖忽必烈先后4次向金州和复州（今瓦房店市）派遣屯田军户加亲眷15万人之多。这些人当中，蒙古族人居多，然后是山西人和河南人，他们也将各种吃羊肉喝羊汤的习俗带到了大连。也就是说，从那时起大连人就知道羊汤是什么概念了。从大连眼下的羊汤馆的发展来看，好喝的乡下羊汤还是在金州和瓦房店一带，那里一些羊汤馆仍然是客流不息。好吃、上档次的羊汤馆，正在一步步占据大连城市中心。从羊汤特色来看，几个地域喝羊汤的习俗已经被大连人给融合在一起了。

最早的金州人和瓦房店人，嚼着叉子火烧喝羊汤已成习惯。据说老金州人心中最大的愿望，莫过于能早点赶回来喝一碗热气腾腾的羊汤加吃火烧了。老金州人喝羊汤讲究“油花汤、热火烧、羊杂肉”，三者缺一不可。虽然现代人生活好了，肚子里不缺油水了，但仍有不少人要求店家盛“带大片油花的汤”，说是这样的汤能找到过去喝羊汤的感觉。

羊肉属温性，能大补，在冬天食用最好。从前一到冬季，某些街头和饭馆门前，就常常支一口大锅，锅里放着大块羊肉羊骨，汤煮得又浓又白，牛奶似的。戴长耳朵棉帽子的熬羊汤兄弟，把熟羊肉羊杂切成碎块，放入葱花、香菜、胡椒面、细盐，用煮好的肉汤一冲，一碗又香又鲜的羊杂鲜汤就做好了。有些爱喝羊头肉汤或羊肉片汤的，照搬同样的方法，也很好喝。羊肉汤有养胃的功能，喝多了酒，胃里难受，喝碗羊肉汤就好多了。

羊汤

羊杂汤、羊肉汤做起来很简单，在家也能做。方法是买些鲜羊肉或羊杂，最好买点羊骨头，在铁锅上多炖一会儿，取出羊肉，晾凉再切成片，放些香菜、葱花、胡椒面、细盐，爱吃辣的再放点辣椒油，滚汤一冲，便是一道绝顶美味。

内蒙古传统风味羊汤俗称羊杂碎，可以说是最美味的一道风味汤菜。用羊头、羊蹄、羊下水为主料，加辅料煮制而成。将羊头、羊蹄的毛，烫、燎、刮洗干净，羊肚用开水烫去毛，羊心、羊肝、羊肠等下水分别翻洗、浸、漂干净。锅内加清水入主料及花椒、山柰、小茴香、盐等调味品煮炖，锅开时，撇去浮沫，继续煮至香味溢出，羊头、羊蹄的骨肉能分离。其余下水熟烂后捞出，切成条或薄片。锅内加羊油烧热，用葱、蒜、辣椒炝锅，添入煮羊骨头汤、清水及适量的原汤和精盐等调味品，待烧开后，下入主料，煮至汤浓味醇时即成。配白焙子、香菜食用。此汤味鲜、香辣、浓醇、不膻，深受食客欢迎。大连人喜欢的羊杂汤，很像内蒙古这道汤菜，不过没有这么复杂。

新中国成立后，大连的羊汤馆也随着社会生活的变化，渐渐变得多起来，包括金州在内的一些农村地区，不少羊汤馆味道的确不错，卫生条件却比较差。金州老八里羊汤馆、金州宾馆、瓦房店市一些羊汤馆、甘井子革镇堡几家羊汤馆，顾客经常络绎不绝。

大连市内比较早、生意比较兴隆的羊汤馆，在高尔基路304号，当年叫君秀园。它的前身叫军杰饭店，是20世纪最火爆的大连球迷饭店，经营大连海鲜老菜，老板叫单衍鲲，现在是大连单衍鲲音乐艺术学校校长，也是一个球迷。大连当年的球迷协会秘书长张嘉树和中国著名球迷罗西，曾与许多

呼盟全羊目前在大连是规模最大、经营时间最长的羊汤餐饮企业

球迷在这里共度球迷欢庆的时刻。后来这家饭店变成了以羊汤为主题的君秀园，他们家奶白色的羊汤给大连人留下了深刻的印象。

在风味各异的羊汤馆中，“呼盟全羊”这个名字深深地印入了大连人的美食记忆中。

1993年，一位蒙古族小伙子从内蒙古呼伦贝尔市来到大连，在开发区一家饭店做厨师，他叫朱铁男。到了1995年，他的二弟朱铁民也来到大连。兄弟俩在考察中发现，大连人非常喜欢喝羊汤，还有一些外来劳务人员也经常到处找像样的羊汤馆，他俩决定开办一家羊汤馆。当时的定位就是工薪阶层和外来务工人员。1997年，他们的第一家呼盟全羊在后盐路口开业了。这里是大连的城郊，连接着开发区和金州，交通发达。准确的定位使呼盟全羊的羊汤一下子就叫响了，很多市内食客特意开车前来品尝羊汤。

兄弟齐心，其利断金。呼盟全羊在十多年里蹚出了一条“农村包围城市”的道路，先后在泉水、姚家、南关岭、旅顺、开发区等地开设了多家连锁店，然后向市中心进发，连锁店开到了五一广场等中心地带，并成立了呼盟餐饮有限公司，连锁店达到了十家，成为大连羊汤餐饮行业名副其实的领军者。值得称道的是，这些连锁店全部都是直营店，装修上全部采取以草原为主题的多彩设计，有的主题鲜明，有的简洁明快，店内羊肉都是从老家内蒙古呼伦贝尔大草原的巴尔虎羊牧场定期调运来的，肉质新鲜美味，没有任何污染，而根据北京全聚德烤鸭创新而来的果木烤全羊，更是饭店的招牌菜，受到众多食客的青睐。

大连人夏天洗海澡时，都喜欢在海滩进行烧烤，但是因为设备不专业，很难保证卫生和味道。呼盟全羊就在夏季每天出动六台烧烤车，推出了“海滩烤全羊”项目，到海边为客人亲自加工烤全羊，叫好声一片。

“五一广场呼盟全羊非常好吃，尤其那个双鲜汤，价钱也不是非常贵，但是晚上去的太晚很多东西可能就吃不到了……”很多网友这样评价。

元朝这碗羊汤，在大连经过几朝几代人的传承与结合，味道变得越来越鲜美，孕育的文明也在一次次变化中不断升华。

甜蜜的洋槐蜜

早见神农本草经，洋槐蜂蜜大连行。
补养来时真亦假，琼浆玉液自然成。

这是我在2005年7月应大连一位搞蜂蜜的大姐常凤荣之邀，为祝贺大连蜂蜜PK掉了日本蜂蜜而写下的欣喜即作。

中国是世界上较早驯化蜜蜂的国家之一，国人食用蜂蜜的历史可追溯到商代，东周时期的《礼记·内则》中载有“子事父母……枣、栗、饴、蜜以甘之”。到了汉代，蜂蜜已作为普遍的饮品。羊角蜜名点的典故就出自古代楚霸王项羽统属的徐州。

蜜蜂的药用，最早见于《神农本草经》，书中记载：“蜂蜜味甘、平、无毒，主心腹邪气，诸惊，安五脏诸不足，益气补中，止痛解毒，除百病，和百药，久服强志轻身，不饥不老，延年。”古代医方中，多处以白蜜制成丸剂、汤剂。张仲景、葛洪、陶弘景、甄权、孙思邈、李时珍等古代名医对蜂蜜治疗便秘、养颜长寿、止咳解毒、补中润燥等功能均加以赞赏。

世界上蜜蜂养殖大国是中国，蜜蜂饲养量、蜂产品总量和蜂产品出口量三项都占据世界第一。由于南北不同的地理因素，南方多以油菜花蜂蜜产品为主，而黄河以北的河南、山西、陕西、山东、辽宁一带，则多为洋槐蜜、荆花蜜。在槐花飘香的大连，洋槐蜜当然是主打产品了。大连目前有20多家蜂蜜生产厂家，因大连以槐花闻名，高品质的洋槐蜜也就特别受大连人推崇。

在全国同规模城市中，这些年大连洋槐蜜销售一直排在前列，每年销售蜂蜜达5000多吨。洋槐蜜就是槐花蜜，它口感好，气味香，是大连人喜欢它的重要因素。

槐花蜜属春季蜜种，槐树每年4月底至6月上旬开花，花期7～10天，色泽微黄，蜜质黏稠，芳味正，具有清淡幽香的槐花清香。槐花蜜能去湿利尿、凉血止血，有舒张血管、降低血脂血压等作用，特别适合老年人食用。槐花蜂蜜是中国级别最高的出口蜂蜜，以出口日本、韩国、德国为主。

中国槐花蜜产量占蜂蜜总产量10%左右，主产区集中在黄河流域，尤其以河南豫西、陕西延安、辽宁大连为主，是我国大宗蜜源量产的上等蜜品，也是历年大量出口、价位最高的蜜品。

解放前，大连的蜂蜜销售多以挑担的私营小户为主，多为河南人、山西人和山东人，也有个别大连人，一般是找一片有槐树的小树林子，戴上

大连市蜂产品有限公司常凤荣大姐扛起了大连洋槐蜜一大半旗帜

防蜇面具，摆上一溜儿蜂箱，就开始了采蜜之旅。没有规模，没有指标，采的蜜是货真价实的，连日本人都知道大连槐花蜜“大大地好”。

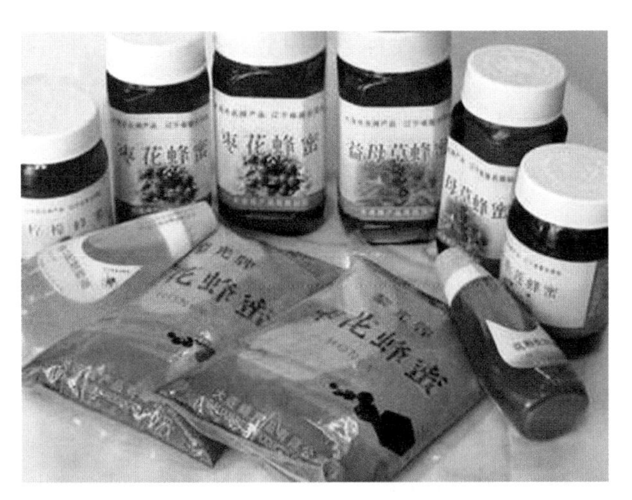

洋槐蜜成就了大连甜蜜的事业

1961年，隶属于当时大连日用杂品总公司的畜产站成立，其中包括了蜂蜜业务。这意味着，大连这座城市从这儿开始有了“蜂蜜产品”这个概念。第一任站长叫刘家誉，主张以合作社的形式养殖蜜蜂，采集蜂蜜。那时大连人对蜂蜜的认识，仅局限于当时的南货商店那点可怜的份额。他们知道，这东西对人体大补，而且挺贵的。

20世纪80年代初，畜产站蜂蜜业务上升为大连联合蜂产品公司。不久，一些生产蜂蜜的小公司兴起了。为了适应当时的市场需要，大连土产杂品公司畜产站扩改成大连市蜂产品公司。从这一举动来看，大连人已经有了做好大连洋槐蜜品牌的意识。从畜产站诞生一开始，公司就在国有体制下经历了几十年，为大连蜂产品市场后来的繁荣发展，为大连蜂产品在全国形成巨大的品牌影响力打下了重要基础。

2003年，作为老国有企业的大连市蜂产品公司，在激烈的市场竞争中，改制变成了大连蜂产品有限公司。公司新的领路人，就是在这家企业做了多年老国有企业干部的常凤荣大姐。

“虽然蜂蜜厂变成了民企，但我要把国有企业的灵魂继续留在这里，让大家感受到国有企业那些优越性，只要大家愿意干，所有的职工一个也不解聘。”这就是常凤荣以大连蜂产品有限公司法人代表身份第一次和她的员工说的话。

在大连蜂产品有限公司，所有员工都像国有企业的一样，有“五险一金”。每逢佳节，员工都能像过去的国有企业职工那样分到各种福利食品，有时候还能分到数百元的现金。一些老员工非常珍惜这份甜蜜的工作。

“好蜂蜜能辨别吗？”我向常凤荣大姐请教。

“好蜂蜜应该是‘琼浆玉液自然成’。”她用我的即兴拙句笑着回答我。

她很牛气地告诉我，好蜜可以看出来，比如好的洋槐蜜呈水白色和琥珀色，每种蜂蜜由于来自不同的植物，颜色也会不同。闻味道也是个好办法，好的蜂蜜用手扇，会有明显的花香味道，或洋槐味，或枣花味。人工造的糖水假蜂蜜就没有这些本真的花香味道了，甚至有怪味。品尝后就更有说服力了，无论是洋槐味还是枣花味，原味都那么强烈明显，基本错不了。

“我们的蜂蜜，曾经让日本人瞪大了眼睛半天说不出话来。”常大姐一开口，我就知道她又想起了我牢记在脑海里的那件事。

那是2005年7月某日，日本HACCP认证检验中心来到大连，在国际相关行业人士的安排下，对大连蜂蜜产品进行随机抽样检查。之前，他们早就听说大连的洋槐蜜在亚洲很牛，常有外国客户发来订单。他们是抱着打擂台的态度来的。

他们共抽了21个样本。其中，大连蜂产品有限公司14个，日本方面的公司3个，大连其他公司4个。检验后，几位日本朋友惊讶地睁大眼睛，半分钟没说话。大连蜂产品有限公司随机抽样检验的14个黎光牌蜂蜜样本全部合格，而大连其他同行和日本方面的公司都有不合格项目。

一位姓内藤的日本人找到常凤荣，寻求“真经”。她爽朗地笑了：“平时从源头开始，一环都不能放松，就是半夜来抽样检查，它也肯定合格！”内藤后来和她成了朋友，还经常将日本的蜂蜜企业信息传递给她。

也就是从这一年开始，国家蜂蜜检验中心把大连蜂产品有限公司列为蜂产品抽检样板单位，大连地区只此一家。

大连蜂产品有限公司目前有五个令他们自豪的“大连最早”：最早的专营公司，最早注册的品牌，最早获得辽宁省著名商标，最早获得大连名牌称号，最早的蜂产品老字号。

“朝朝盐汤暮暮蜜”，古人每天晚上喝点蜂蜜的养生经对今人影响一直很大。永远做好品质蜂蜜，这是大连蜂产品有限公司人对这份甜蜜事业的一种执着。

三位大师影响大连菜风格

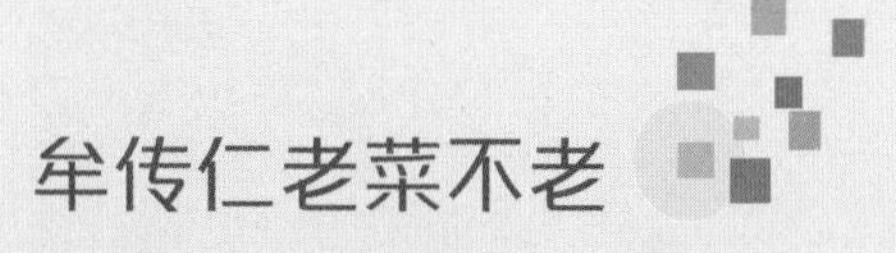

牟传仁老菜不老

城市名菜自然出自名厨之手。我一直认为，一个城市的特色菜品是主要由烹饪名厨打造的部分名菜构成的。这些烹饪名厨，在继承和发扬城市传统名菜技能的同时，也拓展和创新了名菜的发展空间。

真正构成现代大连菜核心的烹饪大师主要有三人。他们是中国烹饪大师牟传仁，中国烹饪大师、中国首届十大烹饪名师戴书经，中国烹饪大师、国宴大师董长作。经过分析梳理，我将牟传仁大师的菜品定位为传统大连老菜代表，将戴书经大师的海鲜菜品定位为中国时尚海鲜菜，将董长作大师的菜品定位为官府海鲜菜。他们都师承于著名鲁菜大师，在老菜和海鲜的烹饪上虽都有相同之处，但个性风格又各有不同。可以说，正是这三个人影响并形成着大连菜的现代主流风格，并与其他外来菜不断地融合着。虽然牟传仁老先生已驾鹤西去，他的老菜影响力至今仍然那么深远。

“全家福”“软炸里脊”“松鼠鱼”“熘鱼块”“红烧海参”“熘虾段”……这些耳熟能详的大连老菜，在20世纪八九十年代，就是大连人餐桌上的谈资亮点，做菜那位老人牟传仁，更是大连人心中最耀眼的大连海鲜老菜厨星。2008年2月16日，当时77岁的大连老名厨牟传仁，向我讲述了自己“闯关东”并成为一代名厨的传奇经历。

大连家喻户晓的牟传仁老先生

1931年出生的牟传仁，是全国劳动模范，国家特一级烹调师，高级工人技师，辽宁省烹饪大师，中国烹饪协会第一、二届理事，辽宁省烹饪协会副会长，辽菜研究会副会长，辽宁省考评委员会委员，曾任大连市饮食集团副总经理，百年老店大连群英楼总经理，大连市烹饪协会顾问。

牟传仁是辽宁烹饪的名师大腕，又是善于经营饭店的管理者，他学的鲁菜，功底深厚，运刀绝妙，技法娴熟，具有调味丰富、造型精美的风格。他擅长烹制鲁菜、川菜和粤菜，尤其擅长烹调海鲜菜肴。1983年在第一届全国烹饪技术表演大赛上，他烹制的4个代表菜不仅荣获了全国大奖，还被列为国宴菜，他本人也荣获“全国优秀厨师”称号。那年他研制的“海珍宴”以鲁菜为基础，吸收辽菜精华，发挥大连烹制海鲜菜肴的独特风格，成为轰动餐饮界的一桌鲜美而高贵的宴席。他亲自监制的虾肉水饺，远销日本、西欧国际市场，被日本人誉为“牟传仁天下第一饺”，被国家审定为“优质新产品”，首获“金鼎奖”。

牟传仁老菜的定位，与他在群英楼做了多年大厨和总经理的经历有关。前面说过，最早的群英楼在解放前已经是大连最有资格称霸的鲁菜馆，最早的福山人王杰臣留下的十道名菜在那个当时就已经家喻户晓，这笔财富后来留给了牟传仁，才有

全家福

虾肉水饺

了他在鲁菜方面更加广阔的发挥。牟传仁老人的名字就像许多老字号一样，几十年来早已成为许多大连人心中抹不掉的美好回忆，在许多大连人的眼里，他就是大连老菜的一个代名词。

和其他来大连的厨师一样，他的老家也在山东福山。1950年，19岁的他带着一点厨艺的底子，从烟台独自闯到大连。那时候他爆过爆米花，当过瓦工，什么活儿都干过。一次意外摔断了胳膊，再不能靠出大力吃饭了，在一个亲戚的帮助下，牟传仁进入当时的大连饭店当学徒，当时的大连鲁菜名厨“柳木墩”、张传本、于洪注、杨正仁等，都是他的师傅，深得鲁菜真传。从此，他便与餐饮业结下了一辈子的缘分——端盘子、洗碗、学切菜、做墩工、掌二墩、掌头墩……他对鲁菜的痴迷有时候到了偷艺的境界。“我刚去时在地下室里刷碗、择菜，干些杂活。地下室是职工的伙房。后来七楼厨房的人手不够用了，就把我调去做学徒，杀鸡、刮鱼鳞、剥虾……一天一百来桌菜，我专给师傅们打下手。后来厨房一下招了30多个徒工，我就被推到墩上，学切菜。”

牟传仁学徒极其勤奋刻苦：“每天夜里11点闭店，收拾完就第二天凌晨1点了，连衣服都顾不上脱，倒头就睡。早上5点起床，把师傅们的刀磨好……一天就睡三四个小时觉。”

1953年起，牟传仁先后在西岗百货饭店、大连市场大饭店、甘井子井冈山饭店掌墩，到20世纪50年代后期，牟传仁已是大连有名的厨师。

1959年，牟传仁调入新亚饭店，掌头墩兼任烹调组组长，“那时一个菜就卖一毛来钱，新亚饭店一天的营业额达一两千元钱。”

牟传仁厨艺精湛，也善于经营管理。1963年，受大连饮食服务公司委派，他开创了四川饭店，和川菜及鲁菜海鲜大厨丛贤芝合作。两年后，他又调任胜利饭店主任兼厨师。“文革”中，饮食队伍垮台了，许多饭店惨淡经营。“胜利饭店一宿到亮照常营业，光油条一天炸六七百斤面，一天营业额五六千块钱……”胜利饭店成了大连街最好的饭店。

1979年，牟传仁调任群英楼经理兼厨师。到“文革”后期，早已更名为“修竹饭店”的群英楼已处于亏损状态。为振兴群英楼，牟传仁挖掘老菜，全面恢复了鲁菜独有的烹调技艺，又投资200万元重新装修改造，对饭店的卫生设施、厨房和餐厅的布局、菜品创新、员工培训等进行了全方位整改，使群英楼走上了振兴发展的快车道，当年实现经营利润1.7万元。

“我培养的学生许多都成了特级厨师，有的还成了烹饪大师。”老人推一推眼镜，语气里颇为自豪。大连老菜正在经历着其他菜系的冲击，着急的他对大连老菜的前景仍然充满希望：“我本身是做大连老菜的，许多消费者也认老菜，我会把老菜传承下去。”

1983年，老店重新恢复了“群英楼”店名。同年，牟传仁赴北京参加第一届全国烹饪技术表演大赛，荣获“全国优秀厨师”称号，受到了党和国家领导人的接见，这是大连厨师第一次活跃在全国舞台上。他参赛的四道菜“红鲷戏珠”“鲜贝原鲍”“橘子大虾”“鸡锤海参”列入了国宴菜，编入《中国名菜集》《辽宁名筵》大全。直到现在，还是大连老菜食客念念不忘的美味。四道菜的名字很喜气，颜色和口味也很好。

上看红鲷戏珠。原料选用新鲜红鲷（又名加吉鱼）、火腿、兰片、肥肉等，红鲷用清蒸方法蒸熟后，再用引汤的方法烹制而成。彩珠子用汆的方法烹制。此菜选料精细，色泽鲜艳，清鲜软嫩适口。

下看鲜贝原鲍。原料用大连沿海一带的新鲜紫鲍及野生鲜贝等，鲍鱼、鲜贝用油爆的方法烹制而成。此菜色泽艳丽，选料精细，别具一格，清鲜酥嫩，鲜香适口。

左看橘子大虾。原料选用新鲜大虾和鱼等。大虾用㸆制方法，橘子虾用鱼泥、鹰爪虾粘制后，上屉蒸熟，再浇上汁即成。这道菜选料精细，工艺讲究，色泽鲜艳，鲜香甜嫩适口。

右看鸡锤海参。原料选用上等渤海水发海参和鸡腿。海参用烧的方法烹制而成，鸡腿用腌、蒸、酥炸的方法烹制。此菜选料精细，海参鲜嫩，鸡腿酥烂。

群英楼饭店饭菜选料讲究、加工细腻、口味独特，至1992年，群英楼利润达230万元，名列全国同行业第43，成为大连传承鲁菜、发展自主品牌的典范。1993年，群英楼的姐妹店“新群英楼”饭店开业，新群英楼面积2400多平方米，经营以正宗鲁菜和鲜活海产品为主，兼有川菜、粤菜及西餐，创造了日营业收入突破10万元的新高，在大连餐饮界引起了新一轮的轰动效应。群英楼还多次承办市政府举办的“赏槐节”“劳模会”等重要活动。1994年，群英楼荣获中华人民共和国国内贸易部颁发的“中华老字号”称号。

在大连，相当一部分人喜欢大连老菜。大连老菜的馆子还真不少，但真正做得像模像样的老菜馆子也许不到十家，牟传仁老菜肯定是最好的一家，因为他们家的老菜就是大连老菜的代表，牟传仁老先生的儿子牟汉东又绝对是父亲老菜的传承人。牟汉东现在是牟传仁老菜的董事长，是大连另一位著名烹饪大师戴书经的弟子，还是中国烹饪大师。

那个生机盎然的明媚日子，令牟汉东一生难忘。2010年6月10日，大连富丽华大酒店天波府处处洋溢着收获的喜悦。欢声雷动，笑语盈盈，大连市餐饮行业协会在这里为大连市餐饮行业的老前辈、中国烹饪大师——牟传仁老寿星举行八十大寿庆典。

牟传仁老先生端坐在会场中央，接受来自各方的祝福，悬挂在会场内的背景板红底的“寿”字楹联笔体苍劲有力，平添了热闹祥和的喜庆气氛。大连市餐饮行业协会会长戴书经代表全体行业协会会员，向牟传仁老寿星及其家属表示衷心祝贺！中国烹饪协会和辽宁省餐饮烹饪行业协会也发来了贺电，祝贺牟传仁大师八十寿辰。

贺词中说，牟大师从事餐饮行业六十余年，靠勤学苦练，刻苦钻研，很快脱颖而出，成为同行业中的佼佼者，1983年他代表辽宁省参加首届全国名师鉴定会并荣获“优秀厨师”称号，四道名菜享誉南北。牟大师不仅技术精湛，还善于经营管理。担任群英楼总经理期间，令百年老店名声大振，焕发出蓬勃的生机。他本人也于1990年被全国总工会授予全国技术能手和五一劳动奖章，于1995年4月被

鸡锤海参

国务院授予“全国劳动模范”，于2001年被授予“中国烹饪大师”称号。他先后培养优秀厨师上千人，创立了“牟传仁天下第一饺”品牌的水饺，出口日本等国家。

“牟传仁的老菜讲究原味和技巧，内在的技术含量高，是后来大连老菜能够长期形成发展走势的一个关键。”曾经在高尔基路牟传仁老菜馆，董长作大师提醒过我说，“比如‘红鲷戏珠’这道菜，红鲷鱼先清蒸，再引汤烹制而成，彩珠子用氽的方法烹制。整个烹饪过程在严格遵循老鲁菜烹饪规则的同时，十分精炼地运用了真正的厨艺功夫。而现在一些大连老菜馆子，根本没有什么技术含量，老菜做的有一点粗制滥造的外形，骨子里缺了很多东西。”他用筷子指了指另一道菜肴，“咱再说刚点的这道‘鲜贝原鲍’，讲究的是油爆出的脆、酥、嫩、鲜、香的口感，这就得靠好的食材、很棒的刀工和恰到好处的火候，这就是技术。‘橘子大虾’和‘鸡锤海参’，注意选料新鲜，制作精细，功夫到家，没有这三点，你很难把菜做好。”

这世界上凡是好的东西，都离不开好的原材料和一个细心完美打造它的人。牟老爷子的菜这么好，真应了这个道理。

“牟传仁天下第一饺”走出国门，算得上一个传奇。

20世纪80年代末，群英楼作为国家指定涉外旅游饭店，接纳了无数来连观光的国际友人。

一天，一位特殊的日本客人来到群英楼。“那个人叫岛名正雄，是日本人在大连的遗孤。那年他回中国看望同学，第一次来群英楼吃饭。”一顿饭后，岛名正雄对店内的饺子赞不绝口。岛名正雄在日本上野市开了一个小饭店，很想把这种饺子引进到日本。

岛名正雄回到日本没多久后就发来了邀请函，牟传仁带领群英楼一行四人开启了东瀛之旅。为了促成这次合作，岛名正雄将上野市市长请到饭店里，由牟传仁掌勺，烹制了一桌大连海鲜宴。市长为牟传仁的手艺所折服，当场开出希望他能够留在日本工作的条件，“当时说一个月给我六十万日元。”牟传仁婉言谢绝了。

经过艰苦谈判，牟传仁带着生产一吨饺子的订单回到大连。生产开始了，头两次生产完全以失败告终，“检疫中要求菌群只能有一万，结果我们做出来的饺子菌群有好几万。”又经过半个多月反复研制，牟传仁终于研制出速冻水饺，对日本出口，当时国内各大媒体争相报道，俄罗斯马加丹报纸、日本NHK电视台等也都对此做过专题报道。

不久，日本东京一家冷冻厂的厂长福田信之慕名找到群英楼，签订了每年进口20多吨水饺的合同。福田信之还把这种水饺命名为“牟传仁天下第一饺”。

“牟传仁天下第一饺”被国家审定为优质新产品，首获“金鼎奖”。那年牟传仁也荣获全国劳动模范、国家五一劳动奖章及全国技术能手、全国烹饪大师等诸多荣誉。

客户的订单纷至沓来，群英楼与日本三菱商事株式会社合资兴建了大连群英楼食品有限公司，其建筑面积5000平方米，年生产能力3000吨。公司生产的百余种速冻食品80%出口日韩、欧美等地，年创汇200多万 美元。

牟传仁对社会的贡献，还不仅仅局限于这些，在传承与弘扬鲁菜饮食文化方面，他带着群英楼的精英们，为社会输送了大量厨师人才。

1978年12月，牟传仁受组织委托，在群英楼主办“大连市饮食公司厨师进修班”。十年中，他先后培养出3000多名厨师，贴身弟子10名，如今他们大都成了特级厨师，有的还成了烹饪大师，江永祥、薛家峰、钟丽成、邹清……大连厨师源源不断地走向全国，走到国外。群英楼成了大连市培养特级厨师的“高等学府”，为大连市餐饮行业的繁荣奠定了基础。

2009年9月21日，中国烹饪协会选出新中国成立60周年以来120位为中国餐饮业发展做出杰出贡献、深具行业影响力的先进人物，在北京授奖，牟传仁被授予“中国餐饮业功勋人物”称号。

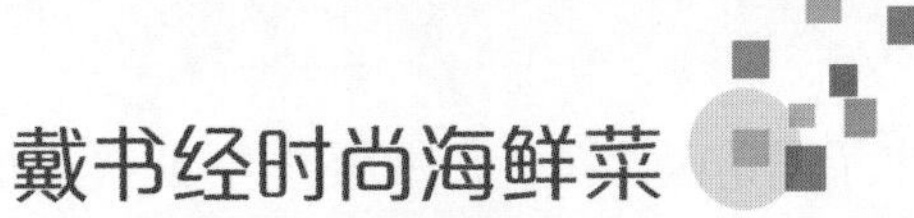

戴书经时尚海鲜菜

人们来到这里
为了在树荫下铺一块布
吃家里带来的食物
为了把妻子的嘴唇
带到草丛里亲吻
为了使时钟休克
为了寻找河流和风

人们来到这里
为了躲开家
也躲开太阳

这是散文大家周国平的一首小诗《太阳岛》，我很喜欢，因为我从中看到了享受真美食的影子。何谓真美食？就是能让人躲开强迫的喧嚣与骚动，还原属于自我的“太阳岛”，在品尝时着迷，那是健康绿色的美食，人在享受美食的过程中完全放松自己，回归自然的心态，伴随浪漫与极度轻松的奢侈。这是一种无奈的奢望，不过人类也在通过尽可能完美的美食打造，来实现这种享受感。

大连市委附近有一家浪琴酒楼，那里的海鲜菜肴接近完美，菜式，盘式，营养搭配与色、香、味、意、形，都堪称一绝。这就是中国著名烹饪大师、大连人戴书经开的酒楼。每次出品一批新菜，就会有一些酒店厨师来，或明请教或暗“偷艺”。在他的酒楼，消费群体中厨师占了重要的比例。这样不知有多少个来回，他的海鲜菜就成了大连餐饮的“风向标”。在大连现代餐饮发展上，他的酒楼菜对大连菜的影响力是显而易见的。

2000年左右，中国烹饪权威杂志《中国烹饪》展出了改革开放后首届中国十佳烹饪大师，其中就有大连人戴书经。

中国首届十大烹饪名师戴书经

戴书经作品——太极虾腰

戴书经作品——太极海参

戴书经，1949年10月出生，是中国名厨联谊会执委，曾经担任大连渤海明珠大酒店副总经理，大连渤海集团餐饮总监，现在是国家高级技师，国家一级评委，中国烹饪协会理事，辽宁省烹饪协会常务理事，辽宁省辽菜研究会常务理事，大连烹饪协会副会长。

戴书经1965年毕业于大连市饮食公司技校，同年到大连海味馆做厨师。先后师从于国桢、于茂南、于润德等烹饪大师。精通鲁菜、辽菜，旁通川、粤等菜系，大连海鲜菜的烧、扒、爆、炒、蒸、熘、炸、烩手艺尤为精湛，已形成自己独特的“连菜”特色和风格。1984年担任大连海味馆总经理，同年他创新的“食园春色”“珍珠牡蛎”，在辽宁省烹饪大赛中获总分第二名，被评为辽宁省十佳厨师。1988年，他创新的连菜“灯笼海参”“紫鲍鲜贝”分别获得全国第二届烹饪大赛金牌、铜牌，为大连烹饪界跻身全国强手之林奠定了坚实的基础，为大连菜在全国争得一席之地。他研制的海味宴被誉为“辽宁名宴”。1989年他去日本东京参加料理学术研讨会，讲授中国菜肴的烹制技法并进行表演。1991年任全国第三届“金鼎宴”评委。1993年任

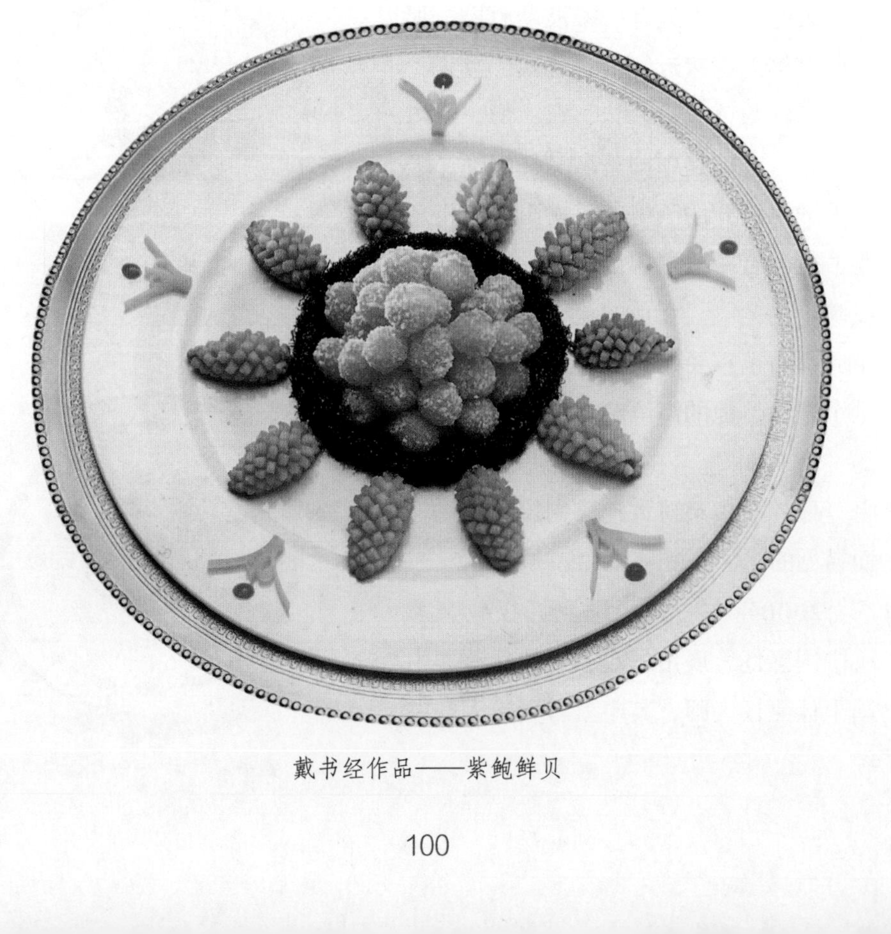

戴书经作品——紫鲍鲜贝

第三届全国烹饪大赛评委。同年随中国烹饪代表团赴日本参加由世界中国烹饪联合会和日本料理调理理事会联合举办的中国烹饪技艺世界交流展示会。1993年，中国烹饪协会授予他“辽宁省烹饪大师”称号，大连市总工会给他记大功6次，并授予伯乐奖。同年任大连渤海集团餐饮总监。1996年同台湾中华餐饮交流协会在大连进行技术交流。同年任第四届全国烹饪大赛评委。30多年来，为了让多年的技艺流传于后人，戴大师还著书立说，先后出版了《大连海鲜肴荟萃》《海鲜巧作》《中级厨师培训教材》《海参新厨艺》等十几本书籍。2009年，中国烹饪协会选出新中国成立60周年以来120位为中国餐饮业发展做出杰出贡献、深具行业影响力的先进人物，戴书经大师和牟传仁大师被一同授予“中国餐饮业功勋人物”称号。

戴大师技艺高超非一朝一夕之功，他“文革”前就开始从事厨艺工作，从那时起就明白竞争的重要性。他从于国桢等名师那里得到了真传，再加上本人刻苦钻研，技艺达到了炉火纯青的程度。此外，他对信息和技术交流很重视，外出开会考察访友时，能和外地名师将各种菜系融会贯通，取其精华，并加以创新。他为人正直，做菜讲究正宗。在技艺理论方面研究较细，往往是既学习又研究，研制菜肴功底深厚，研制出来后立即挂牌经营。

对中餐，他曾在国内提出标准化、连锁化、特色化的想法。他说，标准化可以让中餐“形散而意不散”，在色、香、味、形、意、养方面，能够把

戴书经大师率领弟子参加菜品评比活动

握主要的营养搭配和菜形口味。连锁化会让一个中餐品牌做强做大。中餐的特色化就更重要了，任何名店都必须有自己的特色，否则无法适应激烈的市场竞争，在激烈的竞争中创造自己的品牌。中餐还应实现管理现代化，传统菜肴往往没有严格的操作程序，没有严格的质量标准，管理不够现代化。要想提升档次，就应该实现现代化。西餐用料细，在于严格的管理。中餐也应该注意原料的管理，好的品牌必须有好的管理，管理积累厚了，就能形成自己的品牌。另外就是菜肴尽量大众化，让普通百姓都能够接受。

戴大师在培养弟子方面毫无保留，希望弟子青出于蓝而胜于蓝。他很爱护弟子，平时对弟子常提建议和忠告。他的嘴边常挂着三句话：“做菜先做人”“不想当将军的士兵不是好士兵”“有好心情才能做好菜”。目前戴大师有正式弟子100多位。他的弟子林波、王玉春、牟汉东、尚远新、由晓东、郭阳、张达、王万锁、于涛、韩吉光等，在大连市都是各家大酒店和餐馆的顶梁柱，从酒店规模到烹饪技艺，做得都很惹眼带响。从1979年到现在，在餐饮培训班听过戴大师讲座的不下几千人。

2012年10月11日，是董长作大师57岁生日的前一天。我和他坐在大连宾馆一楼庭院咖啡厅的藤椅上，探讨起大连目前最有成就、最有实力的烹饪大师。董大师说：“牟老一走，大连目前最有成就和实力的大师就是我师兄戴书经大师了。无论在国内的影响力还是烹饪技艺上，戴大师都当之无愧。”

我知道董大师是个谦虚低调的人，但他对戴大师的评价是客观公正的。

董长作官府海鲜迷倒金庸

董督珍味取料广，长北南烹菜名扬。
作厨蒸煮烧熘炖，海风苦辣咸甜香。
鲜材重轻荤素宜，真酥脆嫩细滑爽。
地利鱼虾贝类富，道和庖丁正锋芒。

细心的人会发现，这是一首藏头诗，每行诗的首字连起来就可读为“董长作海鲜真地道”，这是我在2010年参加大连国宴大师董长作的生日宴会后的由衷感叹。他和徒弟们做的海鲜菜肴简直出神入化，令我钦佩。

在大连，有一个被人称作“御厨”的人，既为市民百姓做饭，也为中央

董长作

首长做饭，无论你是百姓还是贵宾，只要有人吆喝一声“来客了”，他就会把那三尺小围裙一扎，大步流星奔向厨房。做起菜来，不会考虑你是贵宾还是普通百姓，心思就是一个：把这菜好好做着，可别闹出什么笑话。菜做差了，贵宾摇头不说，老百姓损你可受不了，人活一张脸，树活一张皮，对得起头上这顶厨师高帽才能活得安心。这个人，就是棒棰岛宾馆餐饮总顾问、曾任大连达沃斯国际会议餐饮总指挥、大连宾馆副总经理的董长作大师。

有“国宴大师”之称的董长作，并非浪得虚名。从20世纪80年代后期开始，到过大连的部分国家领导人和外国首脑、部长等贵宾，都品尝过他的中餐料理，董长作的“首长菜”，逐渐在民间广为流传。就连中南海的“御厨”也会悄悄给他打电话，请教他海鲜制作的秘诀。

董大师现在是国家特一级烹调师，高级工人技师，曾做过大连饭店副总经理和棒棰岛宾馆餐饮总监。虽然后来做了大连宾馆主管餐饮的副总经理，但每次棒棰岛宾馆有国内外政要到来，他都会奉命赶回棒棰岛宾馆，和庄欣文、董辉、石远、商凯军、刘辉、程培洪、潘勤光、杨海明、潘志军等弟子一起设计菜单，不敢有任何马虎。

60多岁的大厨还在灶台上炒菜，恐怕大连只有董长作大师一个人了。22岁那年，他进入大连饭店“扎小围裙”的队伍不久，就拜当时大连著名的鲁菜大师于国桢、于润德为师学习烹饪。他几十年来精通鲁菜、川菜和粤菜等地方菜肴，尤其擅长海鲜产品的烹制，研究和推出“珍珠翡翠海参”“八宝葫芦大虾”“玉蝶海参”“金龙送宝”等百种名菜，备受宾客赞赏。他还是中国“合页刀”烹饪技巧的创始人，中国“素燕窝”和“素海珍”的创始人。他的菜肴既能保持传统风味，又富有创新精神，他多次参加烹饪大赛，都取得好成绩。1986年在大连市政府举办的“海鲜甲天下”首届电视厨艺大奖赛中，他的两款海鲜菜肴均荣获一等奖。1987年，他创作的“海鲜豆腐宴”在首届辽宁名宴评选中被评为十大名宴之一。

董大师的菜肴有“官府海鲜菜”之称。他和戴书经大师的共同师傅于国桢，在海鲜制作方面传授给他很多秘诀。属于中国传统上八珍名菜的高级食材海参、鲍鱼、燕窝、鱼翅，是他烹制的强项。鲁菜的厨艺，在这么多年“三尺小围裙”的生涯中被他掌握得十分纯熟。因为几十年来每年接待的贵宾很多，同样的菜肴就会比一般的宴请要求高，让贵宾吃相更优雅，吃着更方便，吃得更营养，吃出美味来，就成了一种潜在的追求。懂厨艺的人都知

董长作大师（右二）与评委参加美食大赛评比活动。右一为香港粤菜大师李国森、右三为北京官府菜大师李英民、右四为国家西餐专业委员会副秘书长尚远新、右五为名厨评委闻国臣、右六为名厨评委李颖渊

道，这样的菜肴就是顶级菜，就是比酒店档次高的会所想要的菜，难度是最大的。潜移默化之中，厨师圈里的弟兄们就把董大师在棒棰岛宾馆和大连宾馆做的“海鲜官府菜”，又叫成了“首长菜”。每天晚上，大连宾馆都会有几拨人来品菜。这些人当中，有市里请来的国内外名人，有摆谱的大款，也有化身食客合伙来“偷艺”的同行。

“人性化是此菜的主要特色。”董大师对我说，“因为接待性质不同，这种菜我们就得格外认真做。有难度，也没那么难。无论你做什么事情，一认真就全有了。”

他觉得大连宾馆和棒棰岛宾馆的菜品已经形成了优势。他用例子诠释此菜的特征：“比如客人喜欢吃猪蹄，你就不能让他双手捧着猪蹄拼命地啃，那有失优雅，你就应该尽量选择小一点、嫩一些的猪蹄，处理干净后，入味蒸到八分熟，再用镊子将蹄内的骨头一点点抽出来，直到弄干净为止。用刀将猪蹄轻划着切成小块，不破坏猪蹄完整形象，用酱油着色，继续蒸熟。这样的菜上来后，客人吃着方便，吃相优雅，味道有了，看似没有破坏的猪蹄非常生动诱人。宾馆的好多菜，因为考虑到了这个人性的因素，在烹饪加工时大都养成了这个加工习惯。”

他给我讲了几个故事，有的故事让我吃惊他的胆量和厨艺。

2003年春天，一位首长来到大连检查工作。董大师为他上了一道海鲜汤，海鲜片薄如细纸，油菜都选择1寸之内的，将原汤微微辛辣的特点改为清爽鲜美中不易察觉地带一点辛味，似辣非辣，首长连连点头赞许。董大师说，这位首长是南方人，你如果不改变辛辣的味道，这道菜就完了。

2004年夏天，一位首长来大连视察。中午吃饭时，董大师决定为他做一道甲鱼菜。首长秘书劝他，说首长吃不惯甲鱼。董大师说，吃不惯可能是其他厨师烹饪方法的原因，这样吧，我做好后先端上去，首长如果不想吃，我还有预案。见董大师如此热情，秘书同意了。结果是，首长不仅将一小碗甲鱼菜全部吃掉，又再吃了一碗，说很好吃嘛。董大师说，我是将甲鱼在砂锅炖成六分熟，去骨后，甲鱼骨继续炖汤，废掉甲鱼肉，用胶原蛋白成分最高的甲鱼裙边重新制作，再将用甲鱼骨和鸡汤熬的汤倒在做好的甲鱼裙边上，配上小嫩青菜，味道清淡鲜美。之前，这道菜我已经琢磨好长时间了。

曾有一个玩笑：梅德韦杰夫吃完了大连宾馆的菜后就当了总统。听着是玩笑，却是一个挂边的历史事实。2006年8月，时任俄罗斯联邦第一副总理的梅德韦杰夫来大连市访问，其中有一顿晚餐安排在大连宾馆。为了这一餐，董大师绞尽脑汁做了精心的安排。俄罗斯人擅吃西餐，“大列巴”面包和俄罗斯红汤跳入他的脑海。他打算把大连海鲜和俄式大餐风格结合起来，研究出几道中俄融合的菜肴。他想起了在富丽华大酒店西餐厅的徒弟唐胜斌做的比“大列巴”面包好吃几倍的面包“发棒”，想起了俄罗斯菜中的部分海鲜，推出了几道梅德韦杰夫没有见过的新俄式菜肴，有用大连黄鱼做的奶香鱼片，有用大连鲍鱼做的上汤鲍，有俄式风格的海鲜红汤，有用大连对虾做的俄式煮虾，有清炒小油菜，有用大连海参做的煎饼海参牛肉粒，6道菜肴一上桌，立即吸引了梅德韦杰夫。董大师在就餐结束前，上前敬了梅德韦杰夫一杯红酒：“中国人认为‘6’是吉祥数字，祝愿您品尝过这6道菜后顺顺利利步步高升！”

董长作作品——三鲜葫芦虾

梅德韦杰夫听了翻译的转述后，笑着将红酒一饮而尽。

正应了董大师的话，梅德韦杰夫后来果然就当选了俄罗斯总统。这个玩笑，不算开的吧？

我几近崇拜他了。

“顶级菜”是我在近年一些电视节目里看到的一个新的美食词汇，一看就是一个为了拉动收视率、吸引眼球的节目，因为烹饪专业里没有“顶级”一说。不过我又完全可以理解。菜肴能做到很人性、很美味、很营养合理、很漂亮艺术，不是顶级菜又是什么？“首长菜”这种极大的人性化理念，其实就是顶级菜的代名词，也正是眼下不少会所菜追求的档次和品位，可惜一些会所菜有盛名之下其实难副的嫌疑罢了。

大连鲍鱼在全国有名，在亚洲的日韩市场更是上等货。1986年之前，大连鲍鱼在中国一直是不把刀伸进鲍鱼体内的做法，像清蒸灯笼鲍鱼、红烧鲍鱼、清汤鲍鱼、鲍鱼粥、葱油鲍鱼、蚝油鲍鱼、蒜蓉鲍鱼、佛跳墙鲍鱼等几十种做法，比较丰富。1986年，大连市政府举办了一次“海鲜甲天下”首届电视大奖赛活动，董大师的两款海鲜菜肴均荣获一等奖，分别是“煎煽三鲜鲍盒”和“柴把绣球海带”。就是这道“煎煽三鲜鲍盒”的做法，让他名声大振。在这道菜中，他将鲍鱼剔净后，用刀从裙边片切至内侧不断开，内夹其他三种海鲜馅料。一位国家级中餐评委说，刀法是木匠用的合页方式，合上海鲜馅料，油煎后鲍鱼没有变形，鲍鱼鲜味中的复合味觉很是富足，中国第一道合页刀菜出现了。中餐合页刀刀法就这样诞生了。

艺高人胆大，这话用在董大师身上一点没错。2008年夏天，大连市来了一些佛教界人士。市领导要求一定招待好，国家对佛教界人士一直十分尊重，这是所有人心里都清楚的。董大师提前买来了蘑菇、豆腐、青菜等十几种主要素食食材，一桌素食宴早已在心中摆好。他想到了使用雕刻技艺。

一桌海鲜大宴在开饭前准时摆进了大连宾馆的包房。红烧海参、汤汁鲍鱼、燕窝鱼翅、生吃海胆、红焖黄鱼、油焖大虾等十几道大连“海鲜”和清凉蔬菜，

董长作作品——龙舟送宝

董长作作品——煎焗三鲜鲍盒

看着让人舌尖生津。

市里一位部门领导紧张起来："老董你怎么上了海鲜？我说过是素食！"

"没错，你仔细看看。"

那领导摇着头没看明白。

一桌僧宴开始了。那领导和僧人们终于发现了"海鲜"宴的秘密：燕窝鱼翅是松茸和粉丝做的，鲍鱼是杏鲍菇做的，海参是蘑菇和黑红豆打成馅后做的，黄鱼、大虾是用蘑菇馅做出来的，海胆壳装的是南瓜汁与鸡蛋黄打成的绒液。

"走遍全国，我们也没吃到这么好、这么多的素海鲜宴哪！"中国素燕窝和素海珍的创始人这个名号，就是这些僧人那一年向全国各地喊出去的。

2010年董大师到北京办事，请他吃饭的一位中国烹饪协会老朋友笑着说，你这素燕窝和素海珍"中国第一人"的美名，都传到京城了。

贝类海鲜，是大连离不开的海鲜之一。在贝类海鲜制作方面，董大师很有发言权。他的贝类海鲜作品，曾被同行专家赞赏为"技术精湛，富有创新意识"。他说，贝类海鲜享有美味之名，还有滋补之功，尤其是大连特殊优越的海洋经纬度带来的偏冷水温，使大连的贝类海鲜营养非常丰富，像扇贝、牡蛎、鲍鱼、海螺、蚬子、赤贝等贝类海鲜，大多数都可用于食疗，蛋白质含量极其丰富。贝类海鲜产品是自然界中含锌极其丰富的食物，而锌对人体免疫系统很有益。蛤类海鲜则含有大量的对骨骼有益的钙。吃贝类海鲜，一定要选活的，一碰壳都会动的。烹煮前，最好在淡盐水中浸泡1小时，让它自动吐出泥沙。浸泡时间不宜过长，否则新鲜的海鲜会被其他腐烂了的所污染。食用海鲜时，最好不要饮用大量啤酒，这样会产生过多的尿酸，尿酸过多会沉积在关节或软组织上，从而引起关节和软组织发炎，引发痛风，严重时还会引起肾结石和尿毒症。

大连的贝类海鲜过去以煮为主要做法，改革开放后，由于餐饮界交流的机会多了，做法更加多样化了。现在的做法大都以蒸、烤、煎、炸、爆炒、焗等十几种方法为主。从发展趋势上看，合理的营养搭配变得更重要，像大蛤的葱油、煎煸、豆豉等做法就是这样的讲究。但不管怎样，大连海鲜特有的滑嫩鲜咸的口味，已成为大连人共同的喜爱，从生吃鱼片、生吃蛎头、生吃赤贝等吃法的出现，就可看出大连人对贝类海鲜原汁原味的追求。

董长作作品——柴把绣球海带

刀光剑影一路走来，却是个慈祥老头。这个老头，就是香港武侠小说大家、企业家和社会活动家金庸先生。2008年10月7日，84岁的金庸先生和夫人林乐怡来到大连，与辽宁师范大学的学生在学校现场“论剑”，当晚就下榻在大连宾馆。

晚宴开始，服务员把6道精心设计的大菜一一端了上来。

第一道菜是“射雕英雄”，郭靖拉弓背剑的红薯雕刻，下铺象征雄性力量的两只大连海参与西兰花；第二道菜是“天山双鹰”，一只雕刻的薯鹰张开翅膀，一只小雄鹰紧随其后，冲着用豆腐、鸡蛋清和鱼子做的美人倩影直扑而下；第三道菜是“香香公主”，用南瓜泥和鸡蛋黄打成的泥子铺在青菜上，围裹着香气诱人的煸炒肉片；第四道菜是“降龙十八掌”，是两只大连大鲍刻出的掌心，上面是拔丝地瓜朦胧旋转的丝绒，表示此功夫的玄妙迷蒙之感；第五道菜是“大展宏图”，用红掌花（红掌花在花卉中寓意大展宏图）衬边，盘中是橘子瓣、南瓜和飞鱼子融成的菜膏，飞鱼子在灯光下时而闪光，形成一个初升的太阳形状，表达对金庸作品的赞美和期望；第六道菜是“红花会”，是一道用西红柿做成的羹，汤上撒一些细葱花、香菜末，清鲜雅致，韵味不尽。

董大师设计的6道菜，创意全部出自金庸武侠小说《书剑恩仇录》和《射雕英雄传》。

听了服务员的介绍，金庸服了：“这是我在内地遇上的真正美食文化大师啊！”

董大师的徒弟有几十人，庄欣文、石远、董辉、梁道利、王善君、唐胜斌、焦创、王晋、韩建华、刘振华、许日江、商凯军、刘辉、李强、孙毅、刘伟、王超、赵滨、高明强、周勇等年长或年少的徒弟们，有的在国内，有的在国外，有的在国宾馆，有的是大连餐饮企业厨房的主要力量，他们学师傅的厨艺，也学餐饮圈里口碑很好的董大师的做人。

80年代前后那些馆子

“小时候，大连街上规模大一点的饭店并不多，天津街上的群英楼、苏扬饭店，西安路上的域乐楼，青泥洼桥的渤海饭店和海味馆算是大连规模大又有名气的饭店了。群英楼以经营鲁菜为主，他家的盐爆海螺、炒肉拉皮和肉丝炒饼很好吃。苏扬饭店，顾名思义经营南方菜，小时候吃不够他家的小笼包和一种鱼形火烧。域乐楼是清真菜，有名的还是水爆肚和羊肉烧卖。我对渤海饭店的印象不深，只能记起来一种碱性很大的馒头，挺好吃的。”这是一位叫“独自行走的幸福”的网友在网上对儿时大连老菜的记忆。从这些记忆中不难发现，大连人对自己的美食多么富有激情。

20世纪80年代前后，大连冒出了一批好饭馆子。和二三十年代相似，算是第二个餐饮辉煌时期。当时大连市有一份不完全统计的数据，截至2007年年底，全市有餐饮业网点13101个，总营业面积172万平方米，从业人员69429人，人均拥有餐饮面积0.27平方米。大连市大中小型、高中低档餐饮网点星罗棋布，原有的以国有餐饮企业为主的格局被打破，转变为合资、股份制、私营、个体等多种经济成分并存的发展格局，各菜系优势互补，菜品的种类更加丰富，口味和营养更适合现代人。县区餐饮业也形成了各自特色，如旅顺口的顺菜、金州的驴肉包、普兰店的猪肉、瓦房店的牛肉、庄河的大骨鸡等，慢慢回升兴起的“农家乐”餐饮，备受广大市民的喜爱。

在大连众多风味各异的菜肴中，最受欢迎的仍然是海鲜。内陆许多朋友对大连人的海鲜情结疑惑不解：有那么好吃吗？这没办法，大连丰富的海产资源是大连地方菜发展的优势所在。大连三面环海，是我国重要的水产基地，海产品产量大了，可以充分满足大连餐饮业的需求。并且大连海鲜与南方海鲜相比，由于海水温度较低，生长期较长，营养更为丰富，鲜味更足，用它们烹饪的海味佳肴，具有鲜嫩清脆的独特风味。大连海鲜已成为人们认识大连地方菜的一个集味觉享受、视觉感受和听觉冲击于一体的极其重要的名片，为大连地方菜的发展奠定了良好的物质基础。

年龄稍大些的大连人可能还会记得大连市饮食公司1984年改制前评出的大连十大餐饮名店：黑石礁饭店、井冈山饭店、长征饭店、长春路饭店、海味馆、群英楼、新亚酒家、山水楼饭店、青山饭店、人民饭店。这十家名店都是以鲁菜为主。时过境迁，乾坤斗转。今天我们回头看一看，这十大名店因为服务行业改制、城市建设变化及菜品风格变化等因素，已经成了淘汰的“样板戏”：群英楼已易主易味，青山饭店、人民饭店、长春路饭店、长征饭店在城市改建中已经没了，新亚酒家似存非存，黑石礁饭店也改名为黑石礁酒楼并将长春路饭店收编于麾下，井冈山饭店从店名到菜品全都变成了另一番陌生的景象，山水楼饭店据说只剩下了块牌子，海味馆在戴书经大师大弟子林波的全力以赴经营下以新海味的名字展示新的烂漫……

值得一提的是大连渤海饭店。1983年之前，这是大连楼层最高的饭店，有13层，是当时的市委领导刘德才顶着巨大压力盖起来的，而后还被批判为超规格建造“楼堂馆所”。凡是来大连的人，都愿意在这儿留个影，后面写上：在大连最高饭店前摄影留念。1990年，我在大连渤海饭店请鞍钢矿山公司的朋友吃了一顿饭。那时我还是个文学小说狂，正赶上矿山公司一位办报的朋友来到我当时所在的矿山检查工作。平时我俩关系就挺密切，请朋友吃一顿海鲜自然不在话下。大小十几道大连海鲜菜中，那道盐水杂拌给我吃服了，和海鲜全家福差不多，只是成了一道汤菜，海螺片、海参片、鲍鱼片、鱿鱼片、蚬子肉、

作者与推销马来西亚美食的马来西亚商务部官员在天津街云顶美食相遇相识

大虾段等都在汤里一上一下地漂浮着，用汤勺舀一口，鲜溜溜的，海鲜片好个脆爽。我还记得那个厨师长叫夏焕斌，这些菜都是他亲手做的。他上来敬酒时，我问他这道菜以前没见过，是谁创的，他说是老厨师研究做的。那是我第一次认识清淡海鲜菜。几十年后，牟传仁老菜厨师长王万锁告诉我，盐水杂拌是于润德大师傅当年在海味馆时研发的，当时只是想着让客人吃几口清凉海鲜，换换口味，因为卖得好，大家都来学，他就把它做成了档次高一级的“八仙过海”。我后来在火车站前的红梅酒家和兴工街蟹子楼都吃过这道菜。红梅酒家是一家生意很好的店，现在也一去不返了。蟹子楼这二十多年来一直生意稳定，市政府还曾经把这家店评为“百姓最喜欢的酒店”。那天在渤海饭店吃的其他的菜像家焖黄鱼、尖椒炒鱿鱼、芸豆丝炒扇贝、罐焖红烧肉、盐烤大海虾、菠菜拌毛蚬子等菜味真好，绝不比现在一些高档酒店做得差。渤海饭店当时绝对算得上大连一流的海鲜老菜饭店，可惜到了2000年后一点点不做餐饮了，2009年时干脆就停了，也许是市场原因吧。

在20世纪八九十年代，一批新的以经营大连海鲜为主的酒店餐馆应运而生：浪琴酒楼、新海味、天天渔港、双盛园、太阳城、鲁苑酒家、新东方美食城（后来的新东方渔人码头）、万宝海鲜舫等受到市民和游客的普遍欢迎。还有川南扣肉馆、喜宴、麦子大王、川外川、潇湘酒店等一批特色风味酒店和餐馆也不声不响地渗进大连餐饮这幅国画上来，各种风味墨色在不断

八仙过海

缓慢地摊开着。

盐烤大海虾

我曾在2005年的《大连晚报》将大连市内美食界定为6个圈6条美食街，后来发现，这些美食圈美食街餐馆有增有减，变化不大。我还是做了新的调整，把它调为时下的十大美食娱乐消费圈，取消美食街。原因是在这些美食街周围，已经形成了美食圈，不是街所能涵盖的。在删减与增补过程中，尽量还原2020年之前大连餐饮娱乐街头真实的影像。

青泥洼桥至港湾桥的人民路美食圈。这里是大连市最为璀璨的一个酒店娱乐消费圈。首先，五星级酒店大都在这里：富丽华大酒店、香格里拉大饭店、万达希尔顿酒店、万达康莱德酒店、海景酒店及后来的新世界酒店、洲际国际酒店、挂边的九州假日饭店等，尊贵的中外客人基本都住在这里。一些较有影响的酒吧也集中在这个圈子里，像漫琳、漫步云端、爱丽丝、芭娜娜等；还有一些大连知名的海鲜店也在这里，如新东方渔人码头、天天渔港、大连宾馆、大连饭店等，特色店受欢迎的有上海滩大饭店、皇城老妈、阿罗哈等。如果把这个圈往东面的市委方向再扩展一下，寺儿沟车站的黄土泥烧鸽子原始店、一烧一烤、三宝粥城、九华楼等都是抢眼的店，最大牌抢眼的，当数戴书经大师的浪琴酒楼。这家酒楼是从中山广场博览大酒店前的老地址搬过去的，有十几年了，戴大师的弟子、主厨邓吉顺推出的时尚海鲜菜，一直被人关注和赞赏。

在青泥洼桥至港湾桥的人民路美食圈内，港湾东部的15库美食娱乐极品消费圈在2010年前后风头正劲，让你慢下来的荷恬心语素食餐厅、每天一席的东港第8号私人会所、渔家傲正宗金枪鱼料理、体验风情的上海城港式火锅、原汁原味的日式铁板烧、老码头红酒音乐汇、采用进口食材的波士顿龙虾纯西餐等，都深深吸引着前来觅得真心休闲一刻的人们。

正是这些有档次、有影响的店，才使这个消费圈红红火火。

百年城美食消费圈。这里首先由瑞诗酒店和凯宾斯基饭店两家五星级酒店撑起了街面，雍景台的上海城风姿绰约，瑞诗酒店的一流粤菜阿锋菜馆和凯宾斯基饭店的中餐馆、普拉那啤酒坊给大连美食注入了一针强心剂，百年城商场里招进了国内部分特色美食系列，万宝海鲜舫是解放路上最耀眼的以高档豪华而著称的海鲜明星，周边一些菜馆也各具特色。

星海湾黄金美食娱乐消费圈。2010年前后的星海湾可分为两个圈：星海湾黄金美食娱乐消费圈和星海新天地黄金美食圈。星海湾黄金美食娱乐消费圈出现在2000年前后，其中的左岸、钟海楼、台北1+1、聚宝隆火锅、渔港明珠、天下一品等现代餐饮店深受大连人的喜爱，左岸和台北1+1不知何故几年前撤走了。星海新天地黄金美食圈里的渔港制造、天顺酒店、星海渔港、牟传仁老菜旗舰店、渔港小厨等，更是成了大连人的浪漫时尚吃美食好去处。这两处消费圈，装修普遍高端时尚，消费自然比较“黄金”。

天津街悦泰·街里美食消费圈。2011年，原天津街老街项目开始招商，希望那些老字号快些回来，重塑餐饮街昔日夺目的历史。在确定入驻的20多家商户中，就有群英楼、狗不理包子、糯米香、马家饺子、四云楼烧鸡、恩祥园、山水楼7家老字号餐饮企业。雪龙黑牛餐厅、三宝酒店、云顶美食的加入增添了天津街的美食新元素。眼下，山水楼的老式菜品恢复得相对最好。这是一个令人欣慰的消息，但愿天津街新的餐饮在这里腾飞。

2000年前后出现的优·豪斯美食消费圈。蓝海湾酒店、上海城老店、宝格丽咖啡、大地春饼店、迪奥咖啡等不同特色的餐饮，使这里显得既有档次又有特色。不知为什么，这个圈里当年最火的龙海渔湾美食广场、蓝海湾酒店和德记酒店现已不知去向。但他们确实将大连海鲜推向一个新的时尚消费高潮。

唐山街至五四路美食餐饮圈。唐山街大可以海鲜酒店的海鲜非常有名。川味当家在保持正宗川味的同时，添加了大连海鲜的元素，反响很好。一心烤肉一直是大连人的烤肉打卡地。洪记饺子与众不同的透明脆皮，彰显着东北美食粗中有细的魅力。但很可惜，今日只剩下了一心烤肉等几家老店和新开的店。往西走，高尔基路上的野外海鲜烧烤，颠覆了大连烧烤店脏乱的陈旧形象，品尝这里的海鲜烧烤实在是一种享受。再往西快到太原街了，就会看到五四路上大连最早的上海菜馆浦江餐饮，这里是1997年6月开业的，20多年了，几家上海菜馆都倒下了，它却依然坚挺，吃过他家的四喜烤麸、响油鳝糊、清炒芦笋、油面筋塞肉等地道上海菜，还有融入了大连菜风味的部分上海菜后，你就会明白它为什么一直是“不倒翁”了。

民主广场美食圈。这是一个不能小看的美食娱乐圈子，五星级日航饭店和四星级船舶丽湾酒店围裹着这里，以时尚海鲜菜的高品位规格俯瞰着周围各家特色餐馆。对面是生意好到着魔似的黄土泥烧鸽子，东头坐镇大连十多年的湘港红馆把持着广场路边明显的位置，依然稳定地做着湖南菜生意。经典生活、正苑烤肉、韩香烤肉、悦涵生串及几家日本料理，你追我赶争奇斗艳。真爱酒吧的欧美男女与国内客人的友情碰撞，让这条湘鲁日韩特色餐饮和烧烤的香味更有时尚感。乐都会所、空间8度量贩KTV、纯K酒吧的风尚，吸引了一批批时尚男女。

新开路与黄河路至大同街美食娱乐圈。这个休闲娱乐圈比较综合，有大连海鲜老菜、大渔儿，火过几年的重庆人做的巴国布衣、川江号子现在都不在了，玩的有怡都夜总会、A68慢摇吧等。身后有韩雅烤肉、千手予烤肉、巴蜀人家等多家特色店。一直往北走到了长春路上，有新海味这样的海鲜名店。往西前行有豪华可与万宝海鲜舫媲美的紫航大饭店、大连正宗绿色牛尾牛肉风味系列的马山妹跷脚牛肉等店。

山东路特色美食圈。大连目前有两个大众特色美食圈：山东路特色美食圈和黄河路至马栏子红旗路特色美食圈。说是大众特色，是指消费群体很普通，正常情况下人均消费价位在30~40元人民币。山东路有一条长长的特色美食街，两边尽是特色美食。眼下街上的铁蝈蝈农家菜最为耀眼，臭菜、灌血肠菜、山野菜、炖江鱼等吉林农村菜成了香饽饽。丰宁海鲜融大连海鲜之精华，加之环境典雅，已成这里的海鲜名店。富龙休闲酒店也是一家高档的海鲜店和洗浴中心，因其精致而豪华受到不少消费者的关注。旺顺阁酒店大盘鱼头泡上金饼，加上丰富的客家菜，一开业就很受欢迎。而像这条街上的亮亮烧烤、大福龙火锅、铁锅炖大鹅、羊蝎子等普通的店，装修时尚而高档，因为特色鲜明卖得一直不错。从山东路穿插到千山路和华北路这一圈，有当地有名的太阳城、千山饭店和盈春大饭店，这是三家有20多年历史的老店，生意的兴隆让人感觉不到它们的苍老。太阳城从中山广场移至这里后，生意一直没有萎缩，成为仅次于丰宁海鲜的精品海鲜菜馆。千山饭店依然是城乡接合部老少咸宜的餐饮中心，两套菜单使不同层次的食客皆大欢喜。盈春大饭店一直把大连老菜和传统海鲜做得红红火火，大到婚宴，中到生日宴，小到三五小酌，当地人都喜欢到这里聚餐，认为很 实惠。

黄河路至马栏子红旗路特色美食圈。这是另一条大众特色美食街，其实街很长。黄河路上的川外川、四同活鱼锅、双龙活鱼锅是很出名的店了，吃川菜的大连人经常就会想起黄河路上的川外川，吃鱼头锅的人至今也尝不够那鲜香浓口的鱼头锅汤，吃实惠的人更是忘不了价钱合适的双龙活鱼锅。马栏子红旗路上如今更是香鲜四溢，老灶台鱼馆另类的鱼头炖玉米饼子的吃法早已被大连人所接受，武汉烤活鱼用独家烤法使鱼香而鲜爽，东北炖菜的重味道，大连海鲜的多品种，都是受人追捧的重要原因。

曾经的你

20世纪80年代后，大连的海鲜名厨一浪高过一浪。自从大连市政府举办了海鲜菜电视大赛和辽宁名宴大赛后，大连海鲜名厨竞风流，百花齐放各显神通。时间过去了几十年，那些为大连海鲜默默做出过贡献的人，我们着实不该忘记。

鲁统贵，中国烹饪大师、高级技师。中学毕业后于1965年至1975年在斯大林路饭店（后改为新亚酒家）从厨，1975年至1976年任天津街苏扬饭店主厨。1976年至1979年在中国驻阿尔及利亚大使馆做厨师，1979年又回国在斯大林路饭店做主厨至1982年。鲁大师的辉煌期是1982年至2000年，他在天津街170号的山水楼做经理。在这里，他拜鲁菜大师、山东福山人张传本为师，加深对鲁菜厨艺的掌握。他的菜品“双燕大虾”“云片三鲜”在这期间获得辽宁省优秀奖，并与“雪菜摊黄鱼”“红烧海参”等宁波菜和鲁菜组成十大名菜，为山水楼创造了销售奇迹。2000年后，任大连市烹饪协会秘书长直到退休。

韩吉光，大连市烹饪大师、国家特一级烹调师、高级工人技师、大连开发区聚仙楼总经理。先后在海仙饭店、海仙楼、五月花大酒店、聚仙楼工作，并创办大连景林农场、金石锚地渔村，对海鲜产品情有独钟，做了大量的调查研究和开发工作，先后到过日本、新加坡、中国香港等国家和地区考察学习。他以鲁菜为基础，创造出具有大连特点的海鲜菜肴，代表菜肴有“奇妙大虾”“椒盐大虾”“豆豉鲜鲍”等。1994年被开发区管委会评选为酒店业中唯一的“黄牛奖”；1995年获全国名厨大奖赛特等奖，并获中国名厨称号；1996年被推选为中国美食发展委员会学术委员，大连市烹饪协会副会长。

韩吉光作品——海皇聚仙（上）金凤戏宝（下）

杜兆生，大连市烹饪大师、国家特一级烹调师、高级工人技师。1970年从业，先后在大连饭店、国际海员俱乐部、省饮服学校、大连市烹饪技术培训中心、中心饭店工作，他善于制作鲁菜、辽菜，擅长烹制海鲜山珍，代表菜有“红扒鱼翅”“清汤燕菜”等，1984年获辽宁省首届烹饪大赛三等奖，在国际海员招待会上所烹制的菜肴受到国外友人的赞誉，还为市区培训出中高级厨师多名，并参加《美味家庭食谱》《食堂菜谱》《厨师考核菜点300例》《海鲜大全》等书的编写工作。

林波，大连市烹饪大师、国家特一级烹调师、高级工人技师、辽宁省烹饪学会理事、辽菜研究会理事、大连烹饪职高客座教授、新海味饭店总经理。1975年参加工作，1985年成为戴书经大师大弟子。1986年创新的菜品“玉莲仙子”“珍珠琵琶虾”获大连电视创新表演赛第三名，并在1989年被大连市工商局授予优秀专项成果奖。1990年创新的“雪梅家宴”获大连市优胜奖，参与研制的“五香熏鱼”获中商部颁发的“金鼎奖”，同年创新的“花蝶彩拼”“凤尾鲍翅”等在大连首届工人技能大赛中获第一名，被授予大连市烹调工种技术状元。1992年创新的“鲜鲍拜龙虾”在中国烹饪首届世界大赛中获金牌。并同名师一起编写《中级厨师培训》教材、《中国烹饪世界大赛冠军菜点》、《海鲜荟萃》等书，被大连市授予过新长征青年突击手，大连市总工会给予记大功两次。

邓基顺，大连市烹饪大师、国家特一级烹调师、高级工人技师、大连浪琴酒楼厨师长。1979年在大连海味馆工作，精通刀工、炉工，有一手娴熟的技艺。1986年他创新的“原爆双龙”“软炸乌龙花”等菜肴，在天津饮食文化交易会上获奖。1991年创新的“牡丹海参”“丰收鲍鱼”获大连市工商局烹饪大赛第二名，大连首届工人技能比赛的第四名。1993年参加第三届全国烹饪大赛，他烹制的“兰花虾球”“香扇紫鲍”获个人热菜比赛金牌和团体赛金牌，大连市总工会给予记大功表彰。

李亚东，大连市烹饪大师、国家特一级烹调师、高级工人技师，曾做过徐园饭店总经理。 1974年参加工作，烹调技艺十分娴熟，先后接待过中央首长和外国领导。在1982年省交际系统技术等级评定会上，他获得实际操作第一名和“二级厨师”称号。1988年调入徐园饭店。在20多年的饭店经营管理实践中，他创制了独具特色风格的宴席“九龙荟萃宴”“排翅宴”“珍宝海鲜宴”等，其中“珍宝海鲜宴”获得1996年“大连市十大名宴”称号。

夏焕斌，大连市烹饪大师、国家特一级烹调师。他精通大连海鲜菜、鲁菜、川菜、粤菜的烹调技术，代表菜有“川味海鲜火锅”“赤龙鲜花”“凤尾桃花虾”“蟹头鱼翅”等。

王玉春，大连市烹饪大师、国家特一级烹调师、高级工人技师，王麻子酒店总经理。1978年在海味馆从厨，1986年调富丽华大酒店任总厨。他敢于创新，擅长炒、炸、焖等各式制作技巧，代表作有“百花悦龙须”和“绿岛开旭日”等。1994年在国家旅游局举办的全国优秀鲁菜展示交易会中获优秀展台金奖、面点金奖、全国优秀鲁菜宴席金奖、冷菜金奖、热菜金奖等多项金奖。

郭阳，1978年从事烹饪工作，在大连市举办的海鲜菜肴创新大奖赛中获优秀奖；1990年参加大连首届春节家宴比赛，获一等奖；1993年参加全国烹饪大赛，他的代表作品“花盆鲜鲍”“赤龙戏牡丹”获金牌，并荣获“全国优秀厨师”称号，同时还随大连渤海饭店集团代表队参加全国团体赛，荣获金牌。现任鲜花农庄饭店总经理。

曲宏佳，1980年参加工作，先后在荟萃大酒店、杏花村酒家、渤海酒楼工作，1994年任王子饭店副经理，现任鲜花农庄饭店副总经理。他在冷菜、墩工、炉工等方面都有较高的技能，特别擅长刀工和冷菜摆拼。1993年他随渤海集团参加全国第三届大奖赛，作为助手辅助选手夺取了金牌，午底随团参加团体赛，负责冷菜摆制，取得了团体赛金牌，1996年他代表渤海集团去杭州参加全国第四届厨师节，荣获优秀奖。

林波作品——蝶恋花（上）什锦生辉（下）

当时，海味馆的于国桢、林雨生、胡勤生，山水楼的张传本、鲁统贵、刘忠斌，四川饭店的丛贤芝，群英楼的于润德，惠宾餐厅的丁禄敬、王道齐等，在炉头、刀工方面都很有名气，代表菜有“川味海鲜火锅”“赤龙鲜花”“凤尾桃花虾”“蟹粉鱼翅”等。

大连最早的鲁菜大师还有孙华山、王学义、陈生发、吴永丰等人，他们大都来自鲁菜名地山东福山，来的时候是解放前后；第二辈鲁菜名师代表有牟传仁、丁禄敬、梁作善等人，属20世纪50年代；第三辈代表为戴书经、董长作、黄菊发等，为20世纪六七十年代；大连黑石礁酒楼总经理、国家特一级厨师、高级工人技师于卫东等人为第四辈鲁菜传人，约为20世纪70年代以后。20世纪80年代以后，鲁菜名师渐少，鲁菜也出现技术失传的现象。用于卫东的话讲，花样菜与杂交菜，几乎越来越成为时代变迁的主要课题。

大连鲁菜名厨黄菊发曾提出“抢救大连老菜，保护鲁菜品牌”的想法。他说，他的师傅吴永丰的拿手好菜是软炸里脊和南煎丸子，在火候、刀工与色泽上十分讲究，南煎丸子口感是鲜香略甜，松嫩弹牙，而大连一些饭店出现的同类菜品吃上去却像干炸肉，硬而过咸，难以入口。近年来，一些厨艺大赛只讲花样与创意，时常忽视了菜品的口感与营养，难以服人，越是这个时候，那些曾经的大连海鲜鲁菜名厨越是令人想念。

牟汉东助推牟式老菜

前面说过，牟传仁的鲁菜功底深厚，运刀绝妙，技法娴熟，多年间形成了带有自己风格的大连老菜，具有调味丰富、造型精美的烹调风格，很多厨师都以此对照烹饪，研究菜式发展。而退休后卸下重任的牟传仁老先生，一度回归了平静休闲的生活。他的儿子、中国烹饪大师牟汉东不想再让老人家继续操劳，希望他好好享受晚年，在高尔基路上开了一家叫世纪园的餐馆，做着大连人流行的家常菜。但是，一段时间里生意很不景气。

是什么原因呢？牟汉东陷入苦恼。

几乎每个人的一生都会遇上这样的真空怪圈：无助的时候，常常忽略了可以帮助自己的最佳资源。

我与牟汉东的缘分，就是从这一刻开始的。2007年冬日，我接到了大连世纪园厨师长王万锁的电话。在这之前，我认识的一位厨师朋友说，希望我择日去世纪园与牟汉东聊一聊餐饮的话题。因为做了多年美食记者，一些酒店餐馆的老板或厨师长常会找我聊天。这位朋友的师傅，就是做了30年鲁菜的大厨王万锁。

20世纪七八十年代，王万锁和牟汉东都曾在大连名气很响的四大名店之一的海味馆做过厨师，都是现在大连的中国著名烹饪大师戴书经的弟子。那时的四大名店是群英楼、海味馆、山水楼和惠宾餐厅。1997年年初，海味馆在大连城市建设改造中轰然倒下，给后人留下了无尽的怀念。当时海味馆令做厨师的人羡慕啊，一些当时全市优秀的大厨级别人物都在那里，著名的“大连餐饮三于”于国桢、于茂南、于润德三位大师都曾在这里打拼过。后来的戴书经大师也曾是这里的主力。1980年来到这里，王万锁做了10年刀工，在墩上学了一手刀工好手艺。后来到唐山街宾馆旁边的科达饭店做了16年厨师长，2007年跟随牟汉东来到世纪园做起了厨师长。

牟传仁老菜的传承人牟汉东

“这个店生意不太好，你怎么看？”牟汉东大哥直截了当地问。

两盅白酒下肚，冬日的寒气立即被驱散，借着酒胆，我把心里的想法一股脑儿地掏了出来：“说句大实话，大哥别生气，你们家有大连市最好的酒店品牌资源，扔在一边不用太可惜了。老爷子在群英楼做了那么长时间，群英楼的老菜哪个大连人不喜欢？‘天下第一饺’在中国第一个出口日本，给中国人争了光，也成了食品品牌，为什么不用好这个品牌？大连人谁知道世纪园是干什么的？！就算群英楼的牌子是国有的，不能用，‘牟传仁’三个字可是自己的吧？这在大连餐饮界是三个多么响亮的字啊！‘牟传仁老菜’‘天下第一饺’在门头一亮相，门头装修换得古色古香一些，包间和大厅再重新做简单装修，让牟老爷子穿上厨师服戴上大厨帽往那儿一坐，吃饱饭的人不想和老爷子合个影才怪呢。把做大连老菜好的厨师请过来，生意不好你就骂我是个胡说八道胡吹乱泡的人！从此不待见我！”在强烈的酒精作用下，我这一番话带着激情一口气说完，又将酒一饮而尽。

我至今仍记得很清楚：牟汉东没有说话，在若有所思中沉静下来。王万锁一边听，一边默默地点着头。

几个月后就到了2007年5月8日，我接到了牟汉东的电话，他说想找我喝酒，说他的饭店有了点变化。我听了，打发了晚上的饭局来到他的世纪园。下了出租车一抬头，我愣住了——一个崭新的、装饰古色古香的“牟传仁老菜”“天下第一饺”出现了。走进饭店，头戴高高的厨师帽、身穿洁白的厨师服的牟传仁老爷子迎面站起身来，向我伸出手。我忙过去轻轻拥抱了老爷子，那一瞬间顿觉这个店马上就要火起来了。进到包间，牟汉东和王万锁已经在那里等着我了。牟汉东仍然疑惑地问，能行吗？我面对着一道道久违的老鲁菜，连连说道：“一个月生意肯定大火，我敢和您打赌。”我建议他在报纸上做一点宣传，他干脆地答应了。

几天后，我在《大连晚报》美食专版写了一篇《牟传仁老菜唤醒大连老菜意识》。没想到，电话接了足足一周。打来电话的人中，40岁以上的、似乎能感觉到有怀旧情绪的人最多。他们问的很多的是“这个报道是不是真的”“真是牟老先生开菜馆了吗”“到底在哪儿”等。我预感到，这家店不需要一个月就会彻底火起来。

星海湾牟传仁饭庄是目前最高级别的老菜馆

果然开业一周多后，包间就必须得提前一两天才能预订上。不可思议的是，这种现象一直持续到如今。在这家饭店面前，我看到了什么叫餐饮生意火爆。

这是牟汉东最开心的时刻。牟传仁老菜在他的力推下总算后继有望了。

1978年到1985年，牟汉东曾在父亲的建议下来到海味馆。20世纪80年代初，牟汉东正式拜戴书经为师。在并不显得漫长的7年海味馆厨艺经历中，他跟随戴大师学了很多鲁菜烹饪技巧。戴大师是个聪颖勤奋的人，他从“三于”大师那里学到了丰富扎实的烹饪技巧，同时慢慢传授给牟汉东等几位弟子。他所拜的于国桢老师，教给了他许多宝贵的烹调技巧和做人原则。戴书经大师也把这一切完整地传授给自己的弟子。这期间，他又到群英楼工作了1年，从父亲那里补充了一些鲁菜技能和经验。1985年，在五星级富丽华大酒店开业时，他来到这里的厨房助阵1年，因天性喜欢自己闯荡，后又撤了出来。

牟传仁老菜火了之后，牟汉东在主打父亲那些鲁菜的同时，决定试推父亲的辽宁名宴——海珍宴。在原汁原味保留海珍宴的菜肴时，他将自己拿手的红烧海参、熗大虾、火爆四宝、鸳鸯太极鱼等吸收进去，变成了更完美的牟家海珍宴。

2010年春节，在牟传仁老菜开始兴旺发达的日子里，牟传仁老先生安详地离开了这个世界。大连市各行各业的领导和代表，都依依不舍地前来为这位大连鲁菜顶级大师送行。

悲痛之后，牟汉东又相继在职工街和星海湾广场选址开了两家分店。星海湾广场的牟传仁老菜，以其富丽豪华的海边老菜馆形象，让牟老的菜风飘出了时尚的色彩。

牟传仁老人的女儿也在西南路开了一家规模较大的牟传仁酒店，把那一带牟老菜肴的粉丝们的热情也调动了起来。

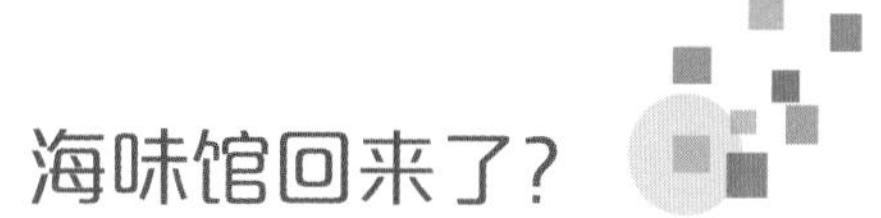

海味馆回来了?

失去的东西，往往显得宝贵，这种感觉下，回忆就成了一种享受。如果有一天你发现失去的可能回来了，你就会疯了一样激动。有时大脑清醒地告诉你这可能是幻觉，你还会忍不住激动。有相当一批老大连人，对曾经的海味馆都有这种心态。

下文是网友“独自行走的幸福”的记忆，这是一代大连人对那个时代通过海味馆这样的家乡餐馆对故乡发出的一种亲切的呢喃之语：

海味馆坐落在现在的胜利广场，门面在当时也是数一数二的。海味馆的菜以海鲜为主，也属鲁菜系。那年月，没有公款请客，所以饭店里的菜好像都不是很贵，一般人家也能消费得起，如果是双职工家庭的，星期天下个馆子什么的都属平常事。那时的海味馆好像也没怎么装修，木头的桌椅，桌上铺着一张塑料台布，台布上还放着一个筷子盒。

在海味馆最好吃的菜是熘鱼片。把牙鲆鱼片成薄薄的四方形，再浇上浓汁，吃一口嫩滑、细腻、浓香，味道好极了！

海杂拌也是海味馆的一道名菜，它由虾仁、海螺片、干贝丁、鱿鱼花再加上配菜组合而成。这道菜有点类似于“全家福”，但用料比全家福少，所以价格也相对便宜些。我则是最爱吃里面的鱿鱼花。

当然，海味馆的镇店之菜，我认为还是那道名震江湖的“全家福”。这道菜的用料十分讲究，以海参、鲍鱼、大虾仁、上等鱼片、海螺片、干贝丁、鱿鱼花等近十种海珍品为主，辅以玉兰片、肉片等，便成了一道名扬四海的鲁系大菜，加之“全家福”的吉祥菜名，是全家团聚时的必点之菜。

说到海味馆，还有一样东西是不可忽视的，那就是鱼卤面。鱼卤面是用新鲜鱼片作卤的一种鲁式面条，面条上浇有浓浓的酱色卤汁，加上几片白白嫩嫩的鱼片，爽滑可口，每每提起它来，嘴里总是泛起鱼卤汤的清醇和鲜香。

随着城市的变迁，海味馆也成了历史，偶尔在回忆中会浮现出它的影子。

不久前的一天，老二略显神秘地带我来到一家饭店，下车后发现饭店门上赫然树立着“新海味”的牌子，忙问是原来的海味馆吗？得到肯定的回答，心中狂喜，再看店内的菜牌上列着的“海味馆老菜”的字样，不由得眼熟心动。忙不迭地点了几道菜品……

新海味的领头人、中国烹饪大师林波

2004年9月，新海味在大连出现了。有人问，是海味馆回来了吗？

新海味的当家人林波说：“新海味是在原大连海味馆基础上组建的。大连海味馆1951年专营俄亚大菜，1954年经营中西大餐，1958年主营海鲜菜肴，以鲜活著称，在国内外享有盛名。新海味继承了老海味馆的精髓，融进鲁菜的精华，讲究营养、绿色和味美，选料讲究，精工细做，口味清淡，咸鲜脆嫩。对喜欢大连海味馆菜品的人来说，让他们品尝着老菜，尽量重新找回老海味馆的味道和氛围。”

老菜新做之锡纸鲍鱼

林波是戴书经大师的大弟子。早年师傅是大连海味馆的经理时，他就是副经理了，海味馆迁移到渤海明珠大酒店时他是餐饮部经理兼餐饮总监，对海味馆的烹饪技艺是最有发言权的，他知道海味馆每道菜的细节做法和火候用料。2009年10月19日，在中国饭店协会和天津市商务委员会于天津共同主办的首届中国名厨大会上，已是中国烹饪大师的林波荣获了中国饭店协会评出的“中国十大名厨”称号。这个奖项是表彰在全国餐饮行业成就显著，具有一定影响力，在烹饪技艺创新达到一定高度，在烹饪教育、理论成果和烹饪事业有一定贡献的大师级人物。

林波对菜的研究比较痴迷，是圈里人公认的。师傅戴书经叮嘱他，无论怎样创新，鲁菜的功夫必须扎实，在不违背烹饪技艺的底子上加以创新。海味馆的老菜的味道老大连人都记得很清楚，所以他不许有任何更改，“红烧海参”“糖醋黄花鱼”“红烧海螺”“熘鱼片”“海味全家福”这些老菜，他保持着过去海味馆的原汁原味。他知道，这里有老大连人的一份情愫在，是不能乱改的。也正是这份情愫，让新海味馆老菜开业以来生意一直很火。

在严格要求烹饪技艺的基础上，林波在海鲜菜上还是做了一些创新。由海味全家福改成的汤味全家福，保留了全家福的海鲜食材，区别了盐水杂拌的过多水分，用老鸡汤熬制，汤味更鲜更浓。红烧灯笼活海参是把海参改刀成灯笼状，盘式大气漂亮，海参入味脆爽，没有一点腥味。水炒海鲜牛心菜不放盐、味精与食用油，拿浓郁的蚬子汤慢炒，牛心菜可以吃出海鲜味。

用精选的海菜和新鲜的鲅鱼、黄花鱼或牙片鱼做成的海菜鱼圆汤，蛋白质营养丰富，清淡可口，女士一般都点这道菜。大家都知道淮扬名菜狮子头，林波利用大连鱼鲜的特点，将味道鲜美的大头宝鱼剔骨留肉，切成小丁，加上豆腐，做成了鱼味狮子头。蒸熟后，入鸡汤加菜心轻轻熬制。咬一口含在嘴里，滑嫩咸鲜。

百姓要尝“官府海鲜菜”

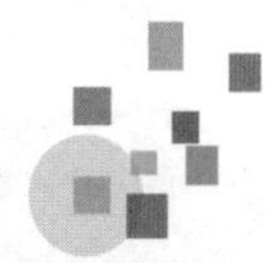

“当官的吃什么菜？”对市民百姓来说，这是一个神秘的话题。

“从一些中央首长来大连工作的菜单安排来看，和老百姓吃的菜差不多，只是考虑到首长日理万机的工作节奏和操劳程度，必须做得细致、吃的清淡一些，以保健营养为主。”董长作大师最有发言权。

“清淡精致，用料讲究，烹饪方法人性化，这是官府菜的普遍特点。”董大师的弟子、另一位国宴大师级大厨庄欣文解释。他是棒棰岛宾馆餐饮总监。

“这方面，让小庄子讲给你听。”董大师笑笑说。

庄欣文脸红了一下，给我简单讲了官府菜的发展历程。

官府菜在古代又叫士大夫菜，出自豪门之家，在不超过宫廷菜规格的前提下，由官宦家的厨师与品菜的品味家共同鉴定完成。历朝历代，北京官府多，官府菜也就最多。府中讲究的拿手好菜招待同僚或比自己职位高的官员，最著名的就是直隶官府菜。直隶官府菜从春秋战国到元、明、清，以保定府为中心形成的官府菜肴由简到繁，由粗到细，由低到高，不断进步与发展，到清代日臻成熟，形成了自己的体系，是在吸纳中华饮食文化、京师满汉全席等皇帝御宴及江浙菜、安徽菜等地方菜特色的基础上形成的，无论菜肴还是小吃、主食，都具备了一定的独特风格，尤其是菜肴的结构和筵席形成了一定格局。从风格上看，直隶官府菜系属中性咸香型，以鲜嫩爽滑、醇厚悠香为主，讲究口味绵长醇厚、原汁原味、咸淡适宜，同时不拘一格，口味多样。清代、民国以来，直隶官府菜和烹饪技艺发展迅速，成为中国北方菜肴的主要代表之一。过去，孔府菜、东坡菜、云林菜、随园菜、谭家菜、段家菜是中国官府菜的代表菜。

官府菜发展到今天，已经逐渐失去了极其奢侈的食材，更多的是讲究营养的搭配，把一些国宴菜和官府菜的常见菜纳入菜单里。目前有不少新兴起的会所和五星级酒店，都在试着做官府菜。严格地讲，他们有的是在做官府式样的菜，而不一定是真正的官府菜，有的照猫画虎，根本就没把官府菜的精髓吸收进来。在古代，即使官府菜食材比较奢华，也是讲究营养价值的，只是没有像今天的人研究得这样细罢了。

谈到所谓的官府菜，做事高调的庄欣文出言却非常低调谦虚

今天的官府菜，叫人性化的菜更显得贴切。时下会所的菜，也应该有人性化的追求。人性化的菜，在酒店竞争激烈的背景下，将来肯定是一个趋势。

做官府菜，给了庄欣文做人性化菜的机会。他说，我这一辈子都不能忘了师傅给我这个机会，让我知道了什么是真正的人性化服务和高档次宴请。

“让客人吃舒服了，就是人性化服务。”这话听着很简单，做起来就太不容易了。

“给家禽菜脱骨，不要小看了这个细节，师傅多年坚持这么做，让那么多贵宾满意，是有道理的，如果高档酒店和高级会所这么做，那些有消费能力的人能不买你的账吗？”庄欣文来了劲头，“每次贵宾用餐前，我们必须了解贵宾是南方人还是北方人，具体是哪儿人，甚至大致的身体健康状况，然后再根据贵宾助理的建议设计菜单，这样做就能使烹饪的菜肴不出错。比如南方人喜欢甜辣，北方人喜欢咸鲜，糖尿病人忌讳菜肴加糖，年龄大一些的人注意菜肴细软嫩滑等特点。这些要是做到了，你的会所或是酒店能不火吗？”

我的眼前亮了起来。

庄欣文说，2002年董长作大师来到大连的国宾馆——棒棰岛宾馆后，给我们提出了5点要求：家禽类菜肴要脱骨，香气类食材要天然加工出原香来，必需的分餐要讲究营养搭配，蔬菜海菜类食材做面条要打成粉，每次第一餐后要主动征求意见。对贵宾，对平时的客人，我们都这样坚持做。这样坚持下来后，宾馆餐饮一切都变了。一些经济条件好的客人，还会带着一些朋友来到宾馆餐厅，就是要来品尝赫赫有名的"官府海鲜菜"，其实就是人性化的菜。

有一道牛肉菜他总是做不好，牛肉品质很好，每次做出来口感都发柴。师傅有一天下班后主动拉他来到厨房，教他做这道菜。师傅把切成块的牛肉放进锅里，一边焖一边往里"打油"，配上精细的芹菜段，炒好的牛肉更香更嫩。只有油才能让牛肉发滑、更有香味，这需要平日多琢磨。好多厨师来到这里点这道菜，却没有学会，就是没有真正用心钻进去。

松茸是个好东西，这种食材和"二战"还有些渊源。美国人的珍珠港被日本人冷不防炸了个天翻地覆、一片狼藉后，他们闪电般地报复了日本人，也结束了"二战"，那就是向日本扔下了两颗原子弹。广岛、长崎两地几乎所有的生灵都遭到毁灭性冲击，只有那一片片松茸在核残骸的废墟上蓬勃成

看似简单，出品质量却很高

酱牛肉是用雪龙牛肉做的

长。科学家们开始把目光对准这种从前被忽略的小菌类，发现它比一般菌类更加抗辐射、抗癌症，可以增强免疫力，是个绝对的好东西，是菌类中让人长寿的冠军。于是，松茸价格飞涨，在20世纪80年代，日本人就与中国内地商贸人士联系，从云南省和黑龙江省成批地进口。各地厨房也把松茸经常端到大席面上，松茸本身的香气却总是挥发不出来。

在董大师的点拨下，善于琢磨菜的庄欣文用蒸的方法来做这道菜。当那热气腾腾的松茸汤端到客人面前时，松茸的香气已经在餐桌上四处飘香了。这就是把食材的香气天然地加工出原香的效果啊。

松茸海参羹让庄欣文的不少师兄弟都学会了，大连街头有一些档次比较高的酒店餐馆悄悄上起了这道菜。

所谓创新菜，是随着客人的兴趣要求来及时创新的。一位贵宾有一天午饭后在棒棰岛海边散步，捡起一条海带问陪他的庄欣文“能吃吗”“怎么吃”，他马上回答，晚餐就可以上这道美食。他大胆地想到，这位贵宾喜欢吃包子，可以试着做海菜包子，海菜营养那么丰富，做成包子肯定不错。他去问师傅，师傅说行。当晚，他用棒棰岛独有的又紫又厚的海带，炖了道土豆排骨。这种海带市场上少见，营养成分比一般海带丰富。海菜包子也一同上了贵宾的餐桌。咬一口，海菜包子里肥瘦相间的肉丁夹在油裹的海菜碎叶中，油闪闪的，鲜香得似乎流油。贵宾一连吃了三个，让庄欣文高兴得一个劲儿说“没想到”。

那年夏天，大连一些酒店开始流行起吃海菜包子。

东坡肉是一道杭州名菜，相传为北宋诗人苏东坡创制，一般是一块约二寸许的正方形五花猪肉，一半为肥肉，一半为瘦肉。将五花肉切块，用葱姜垫锅底，加上酒、糖、酱油，用水在文火上慢焖即可。苏东坡《食猪肉》诗云："……慢着火，少着水，火候足时他自美。"东坡肉色、香、味俱佳，入口肥而不腻，带有酒香。因为一个人的到来，这道菜被稍稍改造了，还在大连流行起来了。

2005年10月17日，国民党荣誉主席连战偕夫人连方瑀一行来到大连，下榻于棒棰岛宾馆3号楼。在省市领导欢迎他的晚宴菜单里，有一道红烧五花肉。连战是南方人，红烧肉的肥腴部分让他有些打怵。庄欣文用文火长时间地煮，把肥油全部逼出来，重新用东坡肉的做法烹制。连战吃过，满意地说："香甜清淡，没有肥腻感，比东坡肉好吃。"还兴奋地主动拉庄欣文合影留念。

这道菜在大连一些酒店流行后，食客反映，在保留东坡肉色、香、味俱佳的同时，比传统东坡肉清淡了些，适合现代人的胃口。

贝类海鲜大都属于小海鲜的范围，鲜味是完美的，大连人的传统吃法基本都是蒸或煮，以找到原汁原味的感觉。这种吃法挺过瘾，但有些缺少档次。庄欣文换了个吃法，让它们上了档次。赤甲红或飞蟹很肥的时节，他

贵宾偶尔用的乌鱼蛋汤在大连宾馆百姓随时可以买到

将蟹子后大腿掰开，取出煮熟的蟹肉，用切细的葱姜蒜轻腌一会儿，加芹菜心段拌着吃，蟹肉原味不流失，还有风味的美感。海螺用高压锅轻压后，将海螺肉取出，黄瓜炒、酱爆、芹拌，口感都很好。虾夷贝煮熟取丁，炖大白菜、海芥菜或豆腐，出锅时加上小葱香菜末，味道你都可以想象得到。活蚬子取肉，和肉丁、芸豆丁、海参丁一起下锅，用酱油爆炒，夹在面盒里吃，是另一番风味。

蘸酱海参

官府菜其实不像老百姓想象的那样，都是燕窝鱼翅熊掌鲍鱼什么的，有时候比富裕的老百姓吃的还简单。比如，一位首长在大连的两天时间里，只有一餐上过海参，一餐只有四道菜：一只蘸酱海参，一条炖黄鱼，一碟油菜心，一盘大白菜炖豆腐。

“首长们吃的，经常不如那些有钱人吃的顶级大餐，十个八个人，一顿都有好几万的。不了解的人，还真以为首长吃的多么奢侈。只有在他们身边亲自做饭的人，才知道他们吃的和咱老百姓吃的差不了多少，只是菜做得精致一些。”庄欣文的目光里流露出敬佩。

“你只有见过首长们的菜单，你才知道他们吃的和咱们区别不大，只是有营养师控制着，营养搭配必须合理。”董大师接过话茬。

银鳕鱼的传统做法是香煎，即使红油、纸包、脆炸、椒香、茯苓烤、香槽烤等烹饪方法，也有出油腻人的缺憾。2012年4月的一天，两位贵宾来到大连交流工作，其中一位点了银鳕鱼。庄欣文知道，那位贵宾不喜欢油腻的食品。他把银鳕鱼改成鱼丁，用热水将鱼丁身上的油脂焯掉，加葱姜块爆锅，下入鸡汁和其他调料，倒入鱼丁、毛豆粒、冬瓜丁和枸杞子，小火慢炖，煮好时拣出葱姜块。两位贵宾吃得非常开心，觉得这道菜清爽极了。

人们心中神秘的官府海鲜菜，原来和寻常百姓菜差不多啊！

逼出来的船鲜味道

这世界上的美味珍馐，一想到会出自心灵手巧之人的青葱玉指之手，眼前好似立着因做一手好菜更显女人韵味的美人，吃起来自然心动情动，连打个饱嗝都不敢使劲，就怕破坏了那一刻的气氛。

咱们都知道，当代大厨多为爷们，大店小馆带火掂勺，电视报纸露脸上镜，男大厨拥尽天下风光，岂不知中国古代最晃眼的大厨却是那美女厨娘。古代十大名厨中，美厨娘就占了6位。历史记载，中国最早的厨娘在唐朝，中国第一位名留典籍的糕饼女厨师肖美人在宋朝。

膳祖，唐朝一代女名厨，是唐朝丞相段文章的家厨。伺候过4位皇帝的段文章人生只有一大嗜好，讲究美食。他的儿子大文豪段成式后来编的《酉阳杂俎》中的名食，都出自膳祖这位美人之手。

五代时的尼姑梵正也是著名女厨师，以创制“辋川小祥”风景拼盘而驰名天下，将菜肴与造型艺术融为一体，使“菜上有山水，盘中溢诗歌”。我称她为中国盘饰的鼻祖。我很服她，一个小巧女子，能在肉脯、肉酱、瓜果、蔬菜等原料上雕刻拼制出一道道风景。

南宋高宗时代，宫中规定宫廷厨师必须是男人，刘娘子硬是凭着一手好菜被宋高宗称为“尚食”，成了历史上第一个宫廷女厨师。

宋五嫂是南宋著名民间女厨师。高宗赵构乘龙舟游西湖，曾品尝她的鱼羹，赞美不已，于是名声大振，奉为“脍鱼之师祖”。

大连第一厨娘孙杰

明末清初的秦淮名妓董小宛，善于制作蔬菜糕点，桃膏、瓜膏、腌菜等名传江南。现在的扬州名点灌香董糖、卷酥董糖，均系她创制。

萧美人乃清朝著名女点心师，以善制馒头、糕点、饺子等闻名，清代大文学家兼大美食家袁枚颇为推崇她，在《随园食单》中盛赞其点心“小巧可爱，洁白如雪”。

而鲁菜之乡山东福山，却有了比6大厨娘更早的历史印记：在唐宋以前就有了女性厨师，她们厨艺高超细致，还发明了被列为中国主要烹调方法之一的“㸆”，为中国烹饪做出了卓著的贡献。

闯荡到大连的山东后裔不仅有大批男大厨，也有不少女大厨，我们称其为厨娘。这些厨娘一旦下厨，可了不得，能把爷们的嚣张气焰几巴掌打掉。

21世纪伊始，大连餐饮一个时期里达到了空前的繁荣。各种菜系风味的加入，花样菜意境菜的闪回，让人在多种美食中目不暇接，味觉错乱。尔后冒出来一些饭店菜品只顾花色和味道，加入各种对人体有害的添加剂的新闻，人们吃着吃着就不敢吃了，你的菜肴做得再下功夫，再安全可口，客人犹犹豫豫不敢进饭店的门。这下子真把一些人逼急了，其中就有在大连一些饭馆下厨的现代厨娘。

一招鲜，吃天下。

认识孙杰之前，就听说了海肠韭菜饺子。都说那个鲜呀，语言无法表达。我就不信，跟着董大师和电视台的主持人李一峰径直来到了小平岛这家叫日丰园的小饭店。小饭店门脸极小极普通，门外几十万上百万的豪华车一台挨着一台停在那儿，不少人站在外边抽着烟等座，这是我没想到的。

因为一峰头一天订了座位，我们幸运地进了包间。一进饭店的门，就是拥挤等座的人们。展台上，是新鲜的各种季节鱼类，鱼眼睛是发绿锃亮的，鱼身是银亮银亮的，一看就是刚网上来或新钓上来的。一会儿，有两位穿迷彩服的渔民，身上抹着带腥味的泥巴，抬着一筐鱼虾蟹晃进门来，筐底下滴洒了一溜儿海水。筐里是正宗渤海湾刀鱼，有手掌宽，两指厚，肉滚滚地闪着银色的光。几片海菜漂在鱼身上。一看就知道，市场上见不到这么好的渤海刀。

“来一份海肠韭菜饺子。”几个不大的包间和不大的餐厅，不时响起同样的吆喝。

我想起听说过的话，到她家就吃海肠韭菜饺子。

“吃她家的海肠韭菜饺子，还有炖鱼、虾酱、海螺水饺、素馅包子、茄子炖蚬子等，你在别的地儿吃不着，她家从来不上农贸市场采购海鲜，全是渔船送货，逮到什么就上什么，真正小船海鲜的味道。”旁边那桌人边吃边议论。

首届厨娘评比活动让 8 位厨娘一鸣惊人，左三为孙杰

我们终于见到老板娘，也就是饭店的厨娘，叫孙杰，里外见她又包饺子又炖鱼。这真是一位身兼数职的现代厨娘：从选食材、加工处理到煎炒烹炸，都是她一个人，服务员经常只是端端盘子。问她何必这样劳累，她温暖憨憨地一笑：眼下其他人暂时不太懂的情况下，我就得全盯着干。这么个小店开大奔的人来这么多，信的就是这个认真较真劲儿。

与孙杰大姐唠嗑才知，真正的厨娘绝不是吃干饭的，难怪香港美食家蔡澜一提到顺德厨娘几乎肃然起敬，就连清朝大美食家袁枚的厨娘招姐出嫁前，他还在惋惜“我的口福要被夫君分去一大半了”。

孙杰说，现在养殖鱼多，最好多吃船上打回来的鱼。她家海边的店9年来生意一直不错，和长年包船有绝对关系。四季所有的鱼是新鲜的，味素在这里基本上省了。真正好吃的晒干鱼，必须是刮北风时在岸边晒的，太阳下晒的鱼泛油而且容易烂，不好吃，每年4月5号前晒的鱼最好吃，所谓吃鱼就吃冬春“两头干”。

“来之前听到外面盛传你这儿有三句话：海肠水饺鲜有咬头，炖鱼五脏基本保留，秘制虾酱咸鲜十足，给我们讲讲呗。”

在我们的强烈要求下，孙杰不好意思地道出她这三道绝活儿菜的要领：

所谓“海肠水饺鲜有咬头”，先将粉嫩嫩的海肠洗净剪好，放两勺鲜酱油、两勺色拉油，撒进切成末的韭菜，搅拌成馅，包饺子时连馅里的汤一块包进去，煮出来的饺子一咬特鲜，带着鲜汤。海肠本身就是最好的“原始味素”，调馅时切不可放味素，不然煮出来的饺子微苦而且鲜味不纯。

所谓“炖鱼五脏基本保留”，只是摘掉苦胆，其余保留。好处是五脏在炖的过程中，鱼的整体浓浓的混合味道随鲜味溢出，吃起来滋味强烈，回味不断，浓郁的酱色也完全诱人地表现出来。我们只有7个普通包间，一道炖胖头鱼一天卖20盘左右，就是很好的例子。

所谓“秘制虾酱咸鲜十足”，是指用蒙虾或海虾做的酱加入适量的盐后，严格按照发酵时间进行多层次发酵，达到既有咸味又有自然鲜味的效果。

温和而直爽，善良又激扬，海产经验丰富，谦逊仿佛沉香。正如她的丈夫丁先生所喻：我家厨娘就是一道回味悠长的美味佳肴！

“你也太有胆量了，连农贸市场的海鲜也不选购了？”董大师问。

“没办法，都是叫人逼的。好好儿的菜，有些人非得往里面加这个加那个，味道是好了，那些个添加剂谁知道哪一项对人体有害？我只好长期雇船，哪个季节有什么就吃什么，养殖的海鲜我坚决不要。”这话虽有点绝对，但我还是挺欣赏她的勇气的。

前面我告诉过各位，这位大连厨娘在全国大有名气，2011年被青岛邀请去做海肠韭菜饺子，还在上海东方卫视美食大赛节目上PK掉了北京的中国当代名厨。当冒着热气的海肠韭菜饺子端上来时，她很谦虚地向董大师讨教意见。

还未品尝，董大师仔细看了看，果断地说：“你的饺子少了一道工序。”

我们和孙杰一起瞪大了眼睛。我看了三遍也没发现错在哪里。

“海鲜饺子开一个滚儿就熟了，这没错。你看这盘煮熟的饺子，有的饺子皮很透明，里面粉红色的海肠都能看清楚，说明煮熟了。有的饺子皮和海肠馅很模糊，说明没有煮熟。”董大师指着饺子分析说。

“对呀！我怎么就没发现呢？”孙杰激动地涨红了脸，快要五体投地了，“真不愧为大师！你说这道工序该怎么做？”

“很简单，开锅时用笊篱轻轻压住饺子，从中间往外围一个方向转圈晃动20秒左右，这样煮饺子的温度是一样的，饺子熟的程度也是均匀的。”董大师指点。

孙杰差一点要跪下了，双手紧紧攥着：“到底是大师火眼金睛，我的海肠韭菜饺子这么有名了，这个环节的错误却一直没发现，您今天一来就发现了，神了神了！”

“孙杰离不开你了。”我笑着也是佩服地对董大师说。

像孙杰这种逼出来的海边鲜味，大连这几年也在不断地出现。只是一些海鲜菜馆既得利益意识太强，难有孙杰这种魄力。

啤酒菜别客气

天下吃喝玩乐之事，只要和皇帝一沾边，就是历史名吃名喝名玩，就会给后人留下一笔品牌价值无限的财富。

啤酒菜看似从天而降，实得感谢康熙大帝。

传说康熙巡访江南，悄悄微服到临武县游玩起来。只见山川秀美，河泽清澈，河泽里到处都是一些美丽异常、貌似天鹅的小鸭。兴致正高，天公偏不作美，时近傍晚，天降大雨，势如倾盆。康熙只好跑到一家以鸭肉闻名的客栈。伙计把一大锅煮好的鸭肉端了上来，康熙顿时雅兴大起，举起当地醇香的米酒。酒醉之时，一不小心，把杯中的酒倒进沸腾鸭肉锅中，顿时奇香四溢……次日醒来竟浑身有劲，热血沸腾，于是挥笔题词“盛友湘客栈”。回宫后，康熙对此菜记忆犹新，特吩咐御厨为他做这道菜。经多年实践，采用了从埃及进贡的啤酒和多种名贵中草药做原料，做成了这道啤酒鸭。那以后，啤酒鸭便从皇宫传到了民间。

啤酒在世界上已有5000年的历史，已发展成为世界酒类中生产量与消费量最大的酒种，世界上有165个国家和地区生产啤酒，年人均消费20升以上。啤酒属于人们所说的“洋酒”，啤酒的“啤”字在中国过去的字典里是不存在的。而中国是近年来啤酒发展速度最快的国家，1994年全国啤酒产量突破1400万吨，已超过德国，成为仅次于美国的世界第二大啤酒生产国。

早在11世纪初，英国人的餐桌上就出现了用啤酒烹调出来的“塞浦路斯鲑鱼”。因此菜口味之美，香气之浓而风靡英伦，并异域飘香传遍欧洲甚至世界各地，引起许多营养学家和医学界的关注，纷纷给予各种理论上的认可。于是，许多国家名厨也相继成功地烹调出很多啤酒名菜来。像德国人的啤酒烩鳗鱼、烧鲤鱼、煮薯粉等，意大利的啤酒焖鸡，比利时的啤酒烩牛

啤酒菜

肉，爱沙尼亚的牛奶啤酒汤等都很有名。

中国最早用啤酒做菜，当为哈尔滨道台府。民国三年（1914年），由道台府扶持建立的五洲啤酒厂在八区开业，这是由中国人开办的啤酒厂，生产啤酒和格瓦斯。

酒厂开业第一天，就给道台府送了十几桶啤酒，可能是官员们喝不惯这种“洋酒”，李家鳌道尹吩咐，赏给府内差官喝吧，让大家也尝尝这“洋酒”的味道。十几桶啤酒被抬到膳房，道台府主厨郑兴文尝了尝，苦涩的味道，他也觉得不好喝，其他人尝后都没人爱喝。啤酒在膳房放了好几天，也没人喝，郑兴文请示总管，问怎么处理这些啤酒，总管想想说，既然大家不喜欢喝，那就把它倒掉吧，免得占地方，道尹大人要是提及啤酒之事，就说酒都喝了。

于是膳房人员把啤酒抬到外面，偷偷地把啤酒倒掉。正在倒酒时，从桶中流淌的啤酒散发浓浓的麦芽香味，一下子吸引住郑兴文，他马上喊停。他想，啤酒也是粮食酿造的呀，他与我国的黄酒差不多，中国菜不是许多菜都要用黄酒调味吗。他对手下人说：“啤酒别倒了，先留着，我们看看能否用它来做调料烹调菜肴。”

郑兴文先用啤酒试探着烹制红烧肉，用啤酒顶替黄酒。菜做好后，郑兴文发现菜肴的色泽光亮油润，赋有食欲，他一尝，口味也变得与众不同了，他像发现新大陆一样，兴奋不已，他用啤酒又试做了鱼、牛肉、鸡等菜，都收到了意想不到的效果。

郑兴文高兴地把这些啤酒菜端到官员面前，官员们品尝后也都认为味道很好，有特色。官员还用啤酒菜招待外国人，他们品着啤酒菜肴，都赞不绝口，当知道这些菜是用啤酒烹调出来的，都夸中国厨师了不起，竟能用啤酒做菜。

后来，郑兴文还用啤酒调制糨糊来炸制食品，炸出的食品麦香松脆，颜色金黄美观，啤酒菜为道台府膳食又增加了新的特色品种。

这些年，国内的啤酒菜不知为什么没有兴起来，这对开创中国啤酒菜的郑兴文来说，实在是一大遗憾。

大连啤酒菜的诞生，得感谢一个企业——华润雪花啤酒（大连）有限公司。2007年5月30日，华润雪花啤酒（大连）有限公司和大连晚报社举办了一个前所未有的“啤酒菜王挑战赛”电视专题节目，掀开了大连啤酒菜的历史篇章。这次活动之后，大连啤酒菜在各大饭店及家庭中兴起。

只要喝得适量，啤酒真是个好饮料。在那次活动现场，我认识了国家一级品酒师成薇女士。她告诉我，每人每天饮啤酒不超过500毫升，对保健最为适宜。她说，啤酒的酿制过程主要包括麦芽、蛇麻子、酵母等原料，对人体非常有益。啤酒中含有维生素B_1、B_2和B_6，含蛋白质、钙、镁、磷、钾等成分，啤酒花的苦味与香味，有健胃利尿作用。白鼠试验证明，每天喝两杯啤酒后，动脉粥样硬化率明显减半。经常饮啤酒有促进体内钙吸收，提高骨密度的功效。啤酒还含有多量促进肠道有益细菌生长繁殖作用的食物纤维，有降低血清胆固醇浓度、抗过敏反应症和增强肠道免疫力等功效。

大连有位叫李颖渊的大厨，是酒店的餐饮总监，他经常在家里用每瓶啤酒的百分之二十将清洗干净的鸡浸泡20分钟，上笼蒸制，味纯鲜嫩。还喜欢用啤酒代水焖烧牛肉，由于啤酒中的酶能把牛肉中的蛋白质分解为氨基酸，使烹制出来的牛肉更加鲜美，异香扑鼻。他还建议酒店上这些啤酒菜，酒店试了几次效果真是不赖。大连有一道啤酒炖鲤鱼，是在炖制过程中，让啤酒与鱼产生脂化反应，使鱼去腥后格外芳香。啤酒与咖啡相溶，放入白糖，苦中含香，有提神开胃作用。在我国一些城市，近年来像啤酒烧鸡、啤酒炖鸭、啤酒炖牛肉、啤酒烧花蟹、啤酒烧黄鱼等菜肴都十分流行。

成薇女士说，啤酒酵母的保健有效成分有50多种，是含维生素B群最丰富的食品。啤酒经过加热，有养胃作用。啤酒菜的兴起，绝不是一阵心血来潮的食界流行风。风味与保健，是主要的魅力。

那个啤酒菜电视大赛让大连人很开眼界，我在现场尝过。退休在家的张月香老人的啤酒焖面十分筋道，香爽的口感来源于啤酒。金石滩的大厨兼老总王晋的“啤酒生腌基围虾”“千里猪手”“肥肠鱼”三道菜，啤酒的气泡在其中起到了重要作用。四同活鱼锅的“啤酒草鱼锅”的鲜爽劲是啤酒的爽口感带来的。

董大师说：“每年的国际啤酒节设在大连，大连人对啤酒的热情在全国绝对前三，啤酒菜营养价值懂行的都认可了，啤酒菜的风味感真挺棒的，雪花啤酒推啤酒菜是做了件好事，大连的啤酒菜推广得还真不够。”

或许，这个惋惜的时间不会太长。

萝卜丝海蛎子紫菜包子里的大连家味道

一个小小的萝卜丝海蛎子紫菜包子，居然是一个厨师的老婆和孩子带着忧虑、含着眼泪想到的，这也算是人间一大奇事吧。

在中国四大海域的沿海城市中，大连是唯一独跨两个海域的城市，被黄海、渤海环绕的大连，形成了全国最明显的海洋性季风气候，频繁的很硬的海风不仅使海洋水域温度偏低，水流湍急，礁石海沟纵深林立，孕育出优质的海产品，也使沿海的农作物，在缓慢的成熟期中，蕴含了丰富的营养。用最好的时令蔬菜配上当地的海鲜，这在厨师闻国臣心中，才是绝佳的大连海鲜味道。

2004年11月下旬的一日，闻国臣坐着三轮车去旅顺口大王村。

沿海的大王村，耕地面积少，村民们种的菜基本上是自家食用。根据不同的时节，闻师傅会来到这里。在他的眼里，村民们自己吃的蔬菜，不上化肥，不施农药，虽然长得不好看，但却是最有营养的食材。

在大连流传这样一句老话，冬吃萝卜夏吃姜。二十四节气的霜降过后，萝卜会变得更加清甜爽口，而这一日闻师傅就要在地里拔萝卜。

古时候大连就有“萝卜上市，郎中下市”的说法，当然这有点夸张了，但萝卜的确是个很好的东西，萝卜又名莱菔、罗服，在我国栽培食用历史悠久，早在《诗经》中就有关于萝卜的记载。它既可用于制作菜肴，炒、煮、凉拌俱佳，又可当作水果生吃，味道鲜美，还可用来腌制泡菜、酱菜。萝卜的医疗价值就更高了，它能抑制癌细胞的生长，据说每天生嚼100克萝卜就可以降血脂、软化血管、稳定血压，预防冠心病、动脉硬化、胆结石等疾病，可消积滞、化痰清热、排气解毒。

萝卜还是碱性食品，海鲜是酸性食品，酸性食品和碱性食品搭配在一起，对人体非常好，对痛风患者也十分有利。

在闻国臣眼里，选萝卜首先要看绿色部分和白色部分的比例。选绿色部分多一些的萝卜是他的偏执。他的理由是，绿色部分多的萝卜吸收阳光好，光合作用进行得好，因为它没有埋在泥土里，直接是在地面上，接受海洋性气候更多，产生的绿色素相对更多，有的甜得像水果一样。酸甜苦辣四味中，甜是我们最先感受到也最愿意接受的一种味道，萝卜绿色部分多了一份脆甜，少了一份辛辣。在冬季，萝卜这道辅助食材，在闻国臣手中，就像是魔术师的扑克牌，搭上各种海鲜主食，在让美味四溢的同时，也让菜肴的营养更加均衡。

闻国臣

在各种海鲜菜肴的烹饪中，闻国臣最得意的是制作一种特殊的萝卜丝海蛎子紫菜包子。萝卜丝海蛎子包子在大连人的餐桌上是再常见不过的一种主食，而在闻国臣独具匠心的烹饪中，萝卜、海蛎子、紫菜这神奇的组合，让包子散发出了别具一格的原汁原味，咸鲜口。

将萝卜去皮，切丝，在沸腾的水里轻轻煮一下，萝卜本身的辣腥味就去掉了，萝卜不煮是不易入味的。然后把浸泡紫菜和海蛎子的浆水，倒入煮过的萝卜中。这时候，所有的萝卜都能浸到这个味道，所以用海味原汁来浸泡萝卜这个环节必须得提前。

在蒸制过程中，受热时间长，海蛎子的水分会大量流失，破坏营养和口感，闻国臣想了一招，用浸泡过的紫菜包裹住海蛎子，这样就能真正让两种极鲜的海产品融合在一起，产生一种独特的海鲜味道。

海蛎子容易在蒸制中把水分全脱干，为了保证海蛎子原有的味道，保证海蛎子不会被蒸过头，把它和紫菜包在一起，它俩之间在一起受热以后，紫菜的味道和海蛎子的味道，就融合在一起，使这道萝卜丝海蛎子紫菜包子的味道鲜上加鲜。

在闻国臣心里，这道海鲜主食虽然味道鲜美，清肺解毒，却饱含了太多自己对家人的愧疚。

他和大多厨师一样，从最基层的帮厨一路跌跌撞撞走来，大排档、路边店、高档会所、五星酒店都做过。为了那个不大却很温馨的小家，苦活累活都不在话下，泪水汗水一抬袖抹干，只要每个月能多点收入，只要有机会提高自己的厨艺，他都会努力坚持下去，因为自己是这个海滨城市一个普通人家中真正的顶梁柱啊。

“我也是从草根厨师做起的，以前那个小酒店厨房的条件不太好，油烟出不去，排风不好，基本上是在厨房一待五六个小时，甚至七八个小时。”闻国臣一提那些遭罪的事，嗓门格外低。

一旁，他的媳妇眼角有些湿。

有一种工作，就是别人休息的时候他必须在忙碌，这份工作叫厨师。做一名厨师，在进入厨房的那一刻，要忍受烟熏火燎，要忍受一整天的站立工作，还要忍受节假日无法和家人团聚的痛苦。结婚十年，为了生活，为了自己心中渴望的精湛厨艺，闻国臣还要长期忍受着和家人的两地分居，相册里有自己各种获奖时的照片，却找不到一张属于他的全家福。

“‘爸爸什么时候能和我们一起去看场电影啊？’孩子有时这么一问，我心里就有点酸，只好说‘快了’。”他媳妇的泪水已经打湿了睫毛。

但是每次女儿得到妈妈的回答后，等待却总是遥遥无期。

懂事的女儿每次一听到妈妈这个回答，不再说什么，只是小手更加紧握一下妈妈的手，不知算是自责还是分忧。

“晚上睡觉之前最想和爸爸说的一句话是什么？”他问女儿。

“爸爸什么时候回来？”

一个东北大老爷们，也受不了这个了。

闻国臣在外地从厨打工的漫长岁月，每次和家人短暂的相聚，都是女儿最快乐的时光。孩子最乐意和妈妈一起给爸爸包包子，最初这萝卜丝海蛎子紫菜包子，还是她和妈妈一起想出来的。厨师工作的地方免不了油烟，她怕油烟影响了爸爸的健康。她想到萝卜能清肺排毒通气。连妈妈都惊讶了，不仅是现代孩子知识比过去多了，还早成熟早懂事了呀。女儿和妈妈共同创造的这道家宴主食，让闻国臣在这浓浓的普通人家的温暖中，找到了属于自己的美食灵感，而这种海鲜的味道也与这座城市的人们早已血脉相连。

海鲜一锅蒸其实有说道

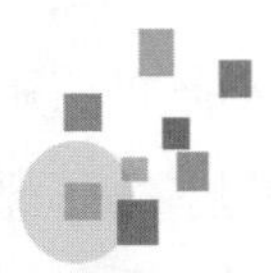

一个流行的卖点，就是一笔巨大的财富，餐饮的一个新食材、新吃法、新器皿，往往就是这样的流行卖点。

2015年年底前后，大连街头冒出了一个以贝类海鲜为主的蒸海鲜新吃法。几个月内冒出了七八家蒸海鲜店。我对这个吃法持疑惑态度时，某日无意中发现了大连真正第一个蒸海鲜的人，原来并不在市中心街巷，而是在离市区不远的小平岛游艇码头对面海鲜大排档的小平湾玉锅蒸活鲜店。在2014年10月，海鲜一锅蒸就是从这里冒出来的。这口锅，就是饭店主人从广州带回来的一个刚试验好的美食新器皿。据说，后来这个广东人靠卖这口流行蒸活鲜的锅发了一大笔财。

那个周末纯属误打误闯，我想寻找点新鲜味道，就让妻子开车拉我在大街上转悠，发现前面冒出了一些叫“海鲜一锅蒸”的饭店，妻子说想进去咂个鲜口，我和朋友去吃过，觉得不怎么样，但为满足她的新鲜感，就没吱声，和她往里走。没想到走到门前就有两人走出，边走边嘟囔，蚬子有沙子，蟹子也不肥，海螺还有臭的，赔了赔了。妻子一听，拉着我扭头就走，原来这海鲜一锅蒸都这个玩意，算了吧。

我们又转悠起来。我说，跨海大桥刚修好，还从来没跑过呢。于是就上了风景醉人的海上大桥。下了桥顺路拐了几个弯，就神不知鬼不觉地来到了海边这个小平湾玉锅蒸活鲜店。一看又是蒸海鲜，想往回走，抬头看见了“自家海域，现捞现歹（‘歹’是大连方言‘吃’的意思）”的招牌，就想，这个可能有些靠谱，一拉她，走了进去。很快，就和这个店以及这片海的主人刘长昆熟了起来。关于蒸海鲜的话题，我这才倍觉大长见识。

“现捞现歹”，这是刘长昆喊出的口号，因为有承包几十年的海域资源，海边的蒸活鲜自然是天然放心。

“蒸海鲜是很有学问的，能蒸的海鲜必须是活鲜的，活鲜的意义，内行人指4小时内捞上来的海鲜，这个可以保证活鲜的三点：日均10℃冷水出来的海鲜恒温，海水一定时间内的盐度，4小时内的出水持续时间。而市场活鲜缸里的海鲜，因为这三点保证不了，蒸出来的海鲜根本找不到真正的鲜美口感。”

我想起了几年前蔡澜先生来大连，我请他吃海肠饺子，是在小平岛的另一家店，跟我说过的话：“只有真正鲜活的海鲜或河鲜，才能蒸着吃。”

“只有在这个温度、盐度、时间的活鲜，蒸着吃才最鲜美。各种活鲜蒸的时间，根据个体海鲜的特点也有所不同：海红、蚬子2分半到3分钟，海螺6分钟，蟹子、虾爬子8分钟，贝类海鲜开锅八成熟就好。我不能理解，多种鲜美、性质不同的海鲜怎能一锅蒸出来吃？”

刘长昆这番话，说得真地道。街上那些海鲜一锅蒸，且不说海鲜品质如何，一个时间段一锅蒸出来，起码就不靠谱。这番专业的蒸活鲜高见，正应了我开始对蒸活鲜的疑惑。

我想起上回与朋友到一家蒸海鲜挺火的店品鲜的情景。一斤虾爬子3只是死的，一斤蚬子有4只空壳，按只卖的海胆小得超乎想象，活海螺的头大半露在外面（真正活海螺头因蠕动中一直往壳里聚是埋在里面的）。刘长昆是做海鲜的，忧虑地对我说：“你看看，这么干下去这个行业不就完蛋了吗？”

我预言：“这么玩的蒸海鲜顶多火3年，新鲜劲一过，大家就反应过来了。”

在小平湾玉锅蒸活鲜店，我看到的是活鲜缸里野生海参、养殖海参的区

海鲜一锅蒸

别标签和价格。在活鲜店旁，我看到的是从旁边大海里现捞上来的海参、鲍鱼、海螺、虾爬子等各种活鲜被扔在海水里的筐网里。在蒸活鲜锅里，我品尝到的是依靠时间调节蒸出来的以各种贝类为主的海鲜，每种海鲜的鲜美滋味的确不同。

我忽然明白了，这蒸活海鲜就得在海边，就得现捞现歹！那些不管活海鲜的品质如何和不同鲜美口味差异统统“一锅出”的，还能维持多久？！

“歹吧媳妇，这个不会让你失望。”我很得意地把一只张口流着海鲜浓汁的大扇贝夹到她的眼前。

那天，我们品尝到了真正的活鲜一锅蒸。食材好，吃法对，这样的美食才会流行下去，我相信，“现捞现歹”的蒸海鲜才可能被食客真正认可。

海鲜盛宴不该有遗憾

最鲜美的北纬 39°

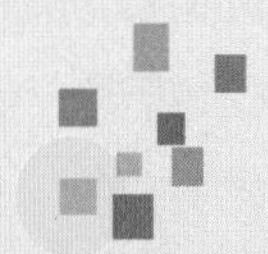

如果你出生在一个食材丰富的地方，你的幸福人生就实现了一半。老祖宗说的“民以食为天”，我想就是这个道理。

我偏偏出生在一个北纬38°～40° 的地方，再准确一点，是北纬39° ，于是我也成了食之幸福者。因为这是一个许多国家和地区都没有的、令人羡慕的地方，这里的黄海与渤海因为这一纬度，海水异常的凉，盛产的海鲜生长期慢，营养价值极高，品种非常丰富。这方面，是其他许多国家和地区的海鲜无法与之相提并论的。

我认识一个叫邹正平的海鲜水产商，也算是一位水产学专家了。她告诉我，含盐量占24‰～35‰的海域的海产品，营养最为丰富、味道最为鲜美，大连地处北温带，海水含盐量占30‰左右，造就了国内外闻名的大连海鲜。大连的皱纹盘鲍在美国人的试验室做过试验比较后，国际水产学家承认这大连鲍确实是当今世界上营养价值一流的海鲜食品。当然，还有再生能力十分顽强的大连海参。一只活海参，抡起刀来剁几段，扔进大海里，半年又长大，顽强的再生能力令人吃惊。无胆固醇、蛋白质与活性成分十分丰富的海参，营养价值超过了一些鱼翅。另外还有大连的海肠、海胆、牡蛎、文蛤、蚬子、海红、乌贼、蚆蛸、鱿鱼、海蜇、黄鱼、黑鱼、梭鱼、牙片鱼、小嘴

鱼、黄花鱼、大头宝等，还有花盖蟹、赤甲红等大连蟹，大对虾、裙带菜、凉海蜇、虾皮更不用说，渤海湾刀鱼和黄渤海的海带都是海鲜中之佳品。大连的海鲜菜肴美不胜收，其烹调技术精湛，做法独特，口味各异，鲜嫩见长。在大连素有“无参不成宴，无鱼不成席，无贝鲜不足”的说法，正是这些大连海鲜，将这一纬度的天下第一海鲜美味故事演绎得精彩绝伦。

大连人喜欢自己的海鲜，外地人和外国人也十分喜欢，虽然大连海鲜菜肴不在国内八大菜系范畴，但大连海鲜在中国美食界一枝独秀一鲜天下的格局早已形成。不然，国内游客不会把大连旅游加上一句“大连海鲜品尝游”。如果想定位一种城市菜式，“大连海鲜”似乎更加贴切并具有城市品牌意识。大连素有“没有海鲜不成席”之说。顿顿有海鲜、餐餐有海鲜，迎来送往更是离不开海鲜，天南地北的中外宾客无不为大连的活鲜所折服。在大连吃着海鲜，走时带着海鲜，简直成了海鲜流。一股股清新的海鲜味道走遍大江南北。车站、机场无不为充满着的海鲜味所包围。大连人天天嚷着要吃海鲜，老爷们下班吃不上一两种海鲜，一个晚上睡不舒服。

如果说一个懂吃的人被别人仅仅看作单纯爱吃的话，我却认为这样的人并不单纯。因为我们的心灵世界是由丰富的情感体验和思想逻辑组成的，懂吃的人在吃的过程中一定注入了他的情感、知识和体验，成就了一种丰富的感受。所以可以说，懂吃的人永远是一个善于体验和总结的人，同时也是一个具有丰厚内涵的高品位单纯者。

大连人在全国真不含糊，出了不少有名的运动员，马俊仁队伍的竞走纪录至今无人超越，足球冠军在全国一拿就是连续八年，出了不少著名的作家、演员、歌星、艺术家、科学家，每年考上清华北大的大连孩子在辽宁省比例几乎是最高的。大连人说，这都是大连海鲜的功劳，这话虽然挺夸张，可谁又敢不承认这个成分？日本至今在世界上是最长寿的国家，就有营养专家认可这和他们吃海鲜有关系的说法。

渤海刀

说到极其鲜美的大连海鲜，还得提那闻名中外的棒棰岛。似仙境非仙境，实在美妙。在这样的美景中品味零污染的野生海鲜，当然也是人生最愉悦的时候。那天我们驱车来到棒棰岛海边右拐到头，大连棒棰岛宾馆悦海楼就这样飘至我们的面前。

顺古朴石阶蜿蜒而上，就到了亭阁式建筑、十分奢华而又厚重典雅的悦海楼内。一流现代时尚的地毯、门廊、豪灯与酒架，在椭圆形的落地玻璃窗前都稍显逊色，因为落地玻璃窗框几乎就是几幅油画相框，将窗外大连风物传说中的棒棰岛和波光粼粼的海面上点点的小渔船，挥抹成了一幅幅经典不俗的油画。从窗前向下望去，潜水员正在将海里的各种野生海鲜捞上岸来，哗哗装进水桶。据说，目前大连市部分重要的国际友人的宴请，都安排在了这里，每次都让这些客人惊呼这里野生海鲜的零污染原生态和绝佳的美景美色。

没有人不知道大连棒棰岛宾馆。这座始建于1958年的国宾馆，14栋中、欧式风格迥异的别墅参差错落于海边，全馆设中、西式总统套房，豪华套房，标准客房300多间，周恩来、邓小平、叶剑英、江泽民、胡锦涛、朱镕基、金日成、西哈努克亲王、李光耀、叶利钦、施罗德、基辛格、萨马兰奇等国家领导人和国外部分元首名人都曾下榻这里，并对这里给予高度评价。这里冬无严寒，夏无酷暑，三面环山，翠岭起伏，一面临海，碧波荡漾，海光十色，相映生辉。悦海楼的诞生，可以说是品大连野生海鲜在棒棰岛又有了新的亮点。

据棒棰岛宾馆悦海楼管理者孙世礼先生介绍，这里的野生海鲜体现了原生态、零污染、很珍贵的特点。这里的海长年无污染。生长4至5年的野生海参体现的是韧润的口感和丰富的蛋白质。生长5年左右的盘纹九孔鲍更是国内鲍鱼极品。这里生长的营养价值极高的绿壳海螺在一般农贸市场根本看不到。被称为“鞋底蛎子”的棒棰岛大海蛎子，以其醉人的鲜度、滑嫩的口感和营养价值高于一般牡蛎几倍的特点，很受国内外人士的欢迎。海带被日本人称为长寿菜，有极高的营养价值，钠、钾、镁、铁、硒、铜、碘的含量均丰富，特别以碘含量高最为著称，海带的碘含量在陆生与水生植物中都是最高的。而棒棰岛黑海带的这些营养价值比一般海带更高，加上宽厚糯软的口感，得到业内专家首肯。这里特有的栉孔贝比一般扇贝的营养丰富，许多人都直接蘸辣根生吃，有鲜、嫩、爽的特点。

“珍珠蛎子翡翠螺，鲍鱼海参真野生，黄鱼撸鱼栉孔贝，非仙境时仙人梦。”这是棒棰岛海鲜给我留下的深刻印象。

坐在悦海楼的董长作大师，兴奋地给大家说起了大连平民化的海鲜。

先说这渤海湾的大对虾，中国的主要产区就在大连。大对虾体态优美，肉质鲜嫩，春天虾肉最肥，成熟后每只二三两重，体长15厘米左右，味道非常鲜美，长年远销欧洲各国。大对虾可做许多道菜，如“彩蝶虾”“琵琶

棒棰岛悦海楼最适合观海品茗尝海鲜

虾”“烤全虾”“凤尾虾”“橘子大虾”“盐水虾”等多种菜肴。产妇多吃虾能多下奶，虚弱的人吃了有调理养生作用，常吃还能预防高血压及心肌梗仁死，虾皮能镇静安神治疗神经衰弱。

大连的紫海胆俗称刺锅子。大连是中国的紫海胆主产地，产量占全国同类产量的95%以上。它像个刺猬，黑刺坚硬端尖，俗称“海底刺客”，生活在大海低潮区岩石、海藻或石缝中。适合生吃、蒸蛋吃、炒蛋清、做海胆羹等。尤其把用酱油调好的辣根往金黄的海胆上一倒，用小勺挖着吃，鲜溜极了。日本人最喜欢海胆了。在日本的饮食中，每天约四分之一以上的食物为深海紫海胆制品，日本能够成为世界最长寿国，据说与其饮食有着必然联系。生活在深海200米以下的海胆早在明朝时就已成为贡品，被称为云丹。深海紫海胆生殖腺营养价值极为丰富，具有药用价值，是预防心血管等疾病的有效药物。卵黄含有大量动物性腺特有的结构蛋白、磷脂等活性物质，具有雄性激素样作用，是最好的“固本”食品。从中可提取的“波乃利宁”能抑制癌细胞生长。日本人从20世纪80年代就从大连进口海胆，中国每年出口日本的海胆成品在300吨左右。在中国出口日本、韩国的海胆中，95%的出口量集中在大连，在大连对日出口阵营中，穆云奎的乾日海洋食品有限公司的“大洋岛”牌海胆独占半壁江山，每年出口量达150~200吨。现在大连乾日海胆的加工出口额是全国第一名。在日本人眼里，穆云奎就是中国的“海胆王”。

大连市场上常见的海蟹有两种，俗称“飞蟹”和“赤甲红”。海蟹秋后开始肥，一般产卵是在春夏季。吃海蟹可以从秋季吃到来年4月前后，过了4月左右，海蟹进入繁殖期，体内比较空，肉无鲜味。历史上有“吃螃蟹第一人”的故事，可见海蟹的文化内蕴。蟹是公认的食中珍味，民间就有“一盘蟹，顶桌菜”“螃蟹上桌百味淡”的谚语。螃蟹有清热解毒、补骨添髓、养筋活血等功效，有腰腿酸痛、瘀血损伤和风湿性关节炎的人不妨经常吃些螃蟹。吃螃蟹宜

生吃海胆

大连赤甲红螃蟹

蒸不宜煮，因为水煮会使蟹子中的营养物质大量溶于水，蟹肉营养降低，鲜味变淡。蒸蟹可将蟹肉中有害生物尽快杀死，营养成分流失很少，蒸制过程中容易固定蟹的形态，螃蟹熟后形态完整美观，鲜红透亮。旺火蒸15分钟效果最好。蒸熟的蟹肉雪白细腻，成丝状，味道鲜美。蒸熟的螃蟹蘸姜汁吃，简便又保持原味。烹饪成菜的有“全蟹舞锤”“姜汁海蟹”“芙蓉蟹片”“脆皮炸蟹钳”等。

海螺素有“盘中明珠”的美誉，在日本被作为民众最受欢迎的食品大量输入，而韩国的济州岛也世代流传大病后喝海螺汤就会恢复元气的说法。海螺是一种典型的高蛋白、低脂肪、高钙质的天然动物性保健食品。长期吃海螺的人，体形会保持得非常好，而且基本不容易患高脂血症、冠心病及动脉硬化等病症。大连地区最常见的两种食用海螺是香螺和红螺，而不少大连人都称香螺为“海螺”，称红螺为“红里螺”。香螺和红螺在外形上很相似，主要差别是：红螺的个体较大，贝壳厚重，壳形粗短；香螺的个体比红螺稍小，贝壳比红螺稍薄。红螺的贝壳外面多为浅灰绿色，壳口内面为红橙色或者是带有深棕色条纹的棕黄色；香螺的贝壳外表面多为黄褐色，壳口内面多为淡黄色。海螺的吃法太多了，可以直接蒸煮后蘸酱食用，也可切片制作成各种菜肴。

传统的“海八珍”之一的扇贝在大连市场常见，虾夷贝1980年从国外引进，原产日本。“扇贝柱”或“扇贝丁”的干品被称为“干贝”，干贝是我国传统的“海八珍”之一。目前，大连产的虾夷贝非常著名，产量占全国大部，是扇贝中个头最大、肉质最好、价格最高的一种，也是高档海鲜酒席中常见的食材。虾夷贝上壳略小而扁平，外表面呈赤褐色或紫褐色，下壳略大且较为膨出，为白色或黄白色。虾夷贝可以蒸后直接蘸蒜酱食用，一般只吃中间白色的扇贝丁和粉红色的生殖腺，黑色的内脏要去除。常吃扇贝可以大大减少血栓的形成和血管硬化。而且扇贝中的DHA俗称“脑黄金”，是脑神经和视神经发育不可缺少的物质，可以促进智力开发，降低老年性痴呆症的发病率。对于学生来说，多吃点扇贝比乱吃补脑产品有效多了。扇贝吃法太多，可蒸可煮，加入葱油、蒜蓉味道更佳，肉极鲜嫩。

鱿鱼中含有丰富的钙、磷、铁元素，对骨骼发育和提高造血功能十分有益，常吃鱿鱼能缓解疲劳，恢复视力，改善肝脏的功能。长期工作劳累和饮酒的人与学生群体不妨经常吃点鱿鱼。

红油小香螺

大连的海蛎子就是太平洋牡蛎，大连是中国太平洋牡蛎主产区之一。味美肉细，营养价值很高，前面已经讲过，它的锌含量很高，锌是管老爷们雄起的，含大量牛磺酸的鲜牡蛎汤素有“海中牛奶”的美誉。大连现在一年能产10万多吨海蛎子呢。

泰式香螺

大连市地处黄渤海和冷暖海水交界带，有着中国最冷和交换能力最强的海水。正是这

这些虾夷贝肉质很鲜嫩

两个特点，使得大连的海参、鲍鱼、海胆、海螺、虾夷贝、裙带菜等海产品成为中国同类海产品中高品质的佼佼者。董大师说：“海产品，冷水出的东西要好于温水出的，因为冷水地方的生物生长慢，含水量低，蛋白质、糖分高，尤其是含有多种不饱和脂肪酸，有益身体健康。”

煲仔小鱿鱼

眼下，老一辈大连名厨强调大连海鲜的原汁原味，新一代大连名厨大胆提出海鲜创新。据说，两种烹饪观念碰撞十分激烈，大有火拼之势。不过两种东西碰撞最大的好处，就在于能让所有的人明辨是非。在碰撞的声音中，人们可以辨别谁的声音更真实，谁的声音更适宜，在两种声音的融合中，可能就有一种新的声音产生了。这个新的声音，一定适应现在人们的需要。一种局势摇摆不定的时候，就给了另一种格局介入的机会。当大家还在为大连海鲜吃法是否简单讨论不休时，特色餐饮这几年在大连渐渐地火了。

大连鲍常为国宴主角而成名

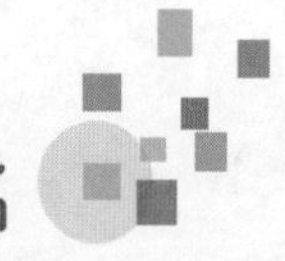

鲍鱼，以网鲍、麻窝鲍、吉吕鲍最为盛名，统称“三大名鲍”。肉质细嫩，鲜而不腻，有滋阴清热、益精明目之功，是一种理想的营养保健美食。鲍鱼的别名有鳆鱼、石决明鱼、镜面鱼、明目鱼、将军帽、耳贝、九孔螺等。中国人吃鲍鱼始于汉朝。《汉书·王莽传》记载："王莽事将败，悉不下饭，唯饮酒，啖鲍鱼肝。"足见那时王莽就喜欢鲍鱼。古代还把鲍鱼叫作鳆鱼。《请祭先王表》中记载：曹操死后，儿子们每次祭典，总要把鳆鱼供放灵位前，曹植就说："先主喜食鳆鱼，前已表徐州臧霸送鳆鱼二百。"在宋朝时日本鲍鱼已进入中国，人们管这些外来鳆鱼叫"倭螺"。中国那时对鳆鱼需求量很大，日本人急输其货抬价谋利。苏轼《鳆鱼行》一诗中提到："东随海舶号倭螺，异方珍宝来更多。磨沙瀹沈成大胾，剖蚌作脯分馀波。"可见日本鳆鱼的品质极佳，博得京城人士的一致好评。《东坡续集》又云："膳夫善治荐华堂，坐令雕俎生辉光。肉芝石耳不足数，醋芼鱼皮真倚墙。中都贵人珍此味，糟浥油藏能远致。"如今日本网鲍风靡华夏食界，其实早在宋代就已启端倪。

鲍鱼在明清时期就被列为八珍菜之一，全鲍宴当时就在宫廷出现。沿海官吏向朝廷进贡鲍鱼，已是常态。民国末期的谭家菜，就有"红烧鲍鱼""蚝油鲍鱼"等名菜。新中国成立后人民大会堂的国宴和一些大型宴会中的菜单，鲍鱼经常位列榜上。

"一口鲍鱼一口金"，这是人们给予鲍鱼的赞美，说得很有道理。鲍鱼有"海味之冠"美称。大连盛产的紫鲍，亦称皱纹盘鲍，是国宴必备佳肴，身价之高不亚于熊掌。鲍鱼营养价值很高，含有二十多种氨基酸，每百克鲜鲍鱼肉含蛋白质23.4克，脂肪3.4克，无机盐钙32毫克，铁3.0毫克，还有相当量的碘、锌、磷以及维生素A、D、B_1等。

有丰富的球蛋白，滋阴不燥，鲍鱼壳中医称为"石决明"，能平肝明目，清除白内障。鲍鱼肉中能提取一种被称作"鲍灵素"的生物活性物质，提高免疫力，破坏癌细胞代谢过程，却不损害机体的正常细胞。

清蒸野生大鲍

大连是中国皱纹盘

鲍的主产地，大连鲍鱼资源量占中国的70%以上。

大连鲍在中国知名，有四个原因：一是中国国宴的鲍鱼菜主要以大连旅顺皱纹盘鲍为主，经常在国宴上出现，像在1959年新中国成立十周年庆典上，以及常在人民大会堂、钓鱼台国宾馆举办的国宴活动中等。二是清宫“全鲍宴”主要用大连旅顺皱纹盘鲍，大连鲍在历史上一直是宫廷宴席重要菜单食材。三是至今在全国鲍鱼产量中，大连占了60%。四是原农业部在2011年就批准了对“旅顺鲍鱼”实施国家农产品地理标志登记保护。

小海参大世界

南宋时期，文人许及之写过一首著名的海参烹饪诗，当时的海参名叫“沙巽”。其诗云：

沙巽巽沙巧藏身，伸缩自如故纳新。
穴居浮沫儿童识，探取累累如有神。
钓之并海无所闻，吾乡专美独擅群。
外脆中膏美无度，调之滑甘至芳辛。
年来都下为鲜囿，独此相忘最云久。
转庵何自得此奇，惠我百辈急呼酒。
人生有欲被舌瞒，齿亦有好难具论。
忻兹脆美一饷许，忏悔未已滋念根。
拟问转庵所从得，访寻不惜百金直。
岂非近悟圣化时，望兹尤物令人识。

原诗载于作者《涉斋集》卷四，诗题为《德久送沙巽信笔为谢》。我们从此诗所咏海参“访寻不惜百金直”之句，知道了海参身价之贵；又从“外脆中膏美无度”的形容中，了解到海参的美味程度；更是从“调之滑甘至芳辛”的讴歌中，探讨当时烹饪的某些意念。

海参用于滋补身体烹饪佳肴已有千年历史，影响最为深远。《文选·江赋》所引《临海水土异物志》中，就提到了“土肉”的炙食，这里的土肉即海参。南北朝时，海参一跃成为宴席之珍品。元朝人贾铭在《饮食须知》卷六中记载海参“味甘咸，性寒滑”，已经识别了海参的某些特征。

大连海参古时就让李时珍整得很出名

《本草纲目·拾遗》、《食物本草》都曾用大段文字介绍海参。这一时期，海参被列入皇室贡品和御膳中。明代的宫禁御厨、清代的南北饭庄，也都把海参当作东海极品而予以烹调。据《明宫史·饮食好尚》记载，明宫御膳有一道皇帝喜爱的名吃，叫作“三事”，用海参、鳆鱼、鲨鱼筋烩制而成。

到清朝时，有关海参烹饪的著述开始增多，学者、食客和庖厨之人都关注这一食界美味。清代后期将海参收入“八珍”之中，列为筵上珍品。曹庭栋所引《行厨记要》、王士雄所著《随息居饮食谱》、无名氏所著《调鼎集》、朱彝尊所著《食宪鸿秘》、袁枚所著《随园食单》、丁宜曾所著《农圃便览》、郝懿行所著《记海错》，都把海参列为重要的条目。清代北京著名饭庄如福兴居、义胜居、广和居，皆以“葱烧海参”而火爆京城，上海的庆兴楼乃以“扒海参”而名噪沪上，至于江南四宜轩的“芥辣拌海参”、三山馆的“蝴蝶海参”、聚星园的“十景海参”，更是以一店绝技而享誉美食界。海参菜在历史上的强大声势，使得这一种鲁菜美食早已誉满全国。

20世纪二三十年代的大连饭馆，海参烧得再好，也是原汁原味的鲁菜做法，因为做得好吃，卖得就很得意。大连现在的酒店餐馆，好像没有哪一家不会做红烧海参、葱烧海参的，因为多，量取胜，无形中就给人以“烧海参就是大连菜”的感觉，其实一半是错觉。

山东胶东海鲜是海参菜的发源地，曾经创造出烹调技法著名的三派，即胶东派、济南派、鲁西派。胶东派烧海参，先焯水，再过油，并且煸以葱段，烹料酒、酱油，烧焖片刻，勾芡，淋葱油（或鸡油）出勺。济南派烧海参，以大料瓣和酱油佐味，淋葱段而求其香，烹制时，焯水入味后直接烹烧，爆锅时讲究油热、葱香、大料味荤，烹酱油起锅烧煨入味，打芡翻勺，淋花椒明油。鲁西派烧海参，先将海参放碗中，加鸡架子骨、肥肉、葱姜、花椒、大料，上笼蒸入味，再烧制。三派技法不同，但烧制海参各有独到之处，如果汇三派之长而于一体，则能把海参菜做得更加出色。

大连人有“冬季海参进补，春天上山打虎”之说，他们习惯了从冬至这一天开始食用海参，九九八十一天，每天早晨空腹吃一只，一年陈病不犯，可祛除繁疾，强健身体。这个习俗还真管用，大连人的体质和全国其他城市的人相比总体不错，人均寿命在国内也排在前面。其中有吃海参的重要原因，是大连人心理上默认的。你即使告诉他跟吃海参没关系，他也不会相信。

关于大连海参的传说，可谓五花八门。最典型的有两个。

几百年前，大长山岛里的海参虽说是又多又大，渔家却没有人吃过它。看那肉乎乎的样子怪吓人的，都管它叫黑癞瓜子，怕它有毒不敢吃，怕它咬人不敢抓。老魏家祖祖辈辈打鱼，生活并不富裕。老魏体弱多病，不久就去世了，留下两个儿子，老大叫魏敬，老二叫魏石。魏敬娶了个心灵手巧的胖媳妇，把家拾掇得干净利索。魏石有一天上山砍柴，回来时在雨中滑倒，摔了一身血。胖媳妇对小叔子一开始照顾得很好，后来见钱没少花也不见好，就不耐烦了，暗暗盼着他早死。她来到海边，瞅着石板下那些黑癞瓜子发愣，后来还是带回去切成块做了汤，给小叔子吃，希望他能被毒死。没想到，小叔子越吃越觉得身体有所好转，脸色也好看起来了。这时候胖媳妇才知道，这黑癞瓜子是救命虫，于是向丈夫做了忏悔，招呼全村人来吃。村医说，山上有人参，这黑癞瓜子长在海里，咱们就叫它海参吧。

还有一个不靠谱的，说的是公元前219年，秦始皇曾坐着船环绕山东半岛，在那里他一直流连了三个月，他听说在渤海湾里有三座仙山，叫蓬莱、方丈、瀛洲。在三座仙山上居住着三位仙人，手中有长生不老药。告诉秦始皇这个神奇故事的人叫徐福，他是当地的一个方士。秦始皇听后派徐福带领三千名童男童女入海寻找长生不老药。徐福奉秦始皇之命，率“童男童女三千人”和“百工”，携带“五谷子种”，乘船泛海东渡寻找长生不老药。他漂流好久，也没有找到。徐福知道秦始皇是个暴君，不敢返航，粮食又都食尽，便带着这三千名童男童女在一个小岛上落脚生存。在那里，徐福发现了一种奇丑无比的海洋生物，就是我们现在所说的海参，徐福向来有种冒险精神，决定要尝尝此“怪物”是何滋味，于是命厨子蒸煮，一股清香飘来，令徐福不禁食欲大开，吃之，爽滑可口，徐福连连叫好。之后，每天让属下捕来食用，数日，感觉气血通畅，浑身充满活力，于是徐福便长期坚持下去。就这样，徐福在岛上生活了50多年，年且九十，依然面如童颜，须发俱黑，百病皆无，徐福大悟，原来“长生不老药”在此！因参如土色，故称之泥肉、土肉。徐福派人送至始皇，然始皇此时早已命归黄泉。徐福叹息曰：“早知土肉（海参）如此，尔岂会崩命焉？”

中国海参市场究竟多大？

有一份统计，中国海参的总产量2008年已达到9万吨，总产值超过200亿元，海参产业已成为国家支柱水产养殖业之一。业内人士都认可的是，中国海参的竞争，其实就是辽宁省与山东省的竞争，辽参的海参代表产地就是大连长海县，在《本草纲目·拾遗》中提到的对人体有长寿大补效果的辽参就在长海县大小岛屿之间。2008年，山东省海参产量为6万多吨，产值超过100亿元，产量和养殖面积接近全国一半，超过辽宁，但海参单品产值却不及辽宁。2008年，仅在大连以海参为主要产品、产值过亿元的企业就有5家，全国知名海参品牌达50余家，海参业年产值达60多亿元，一个市就抵了半个山东省。所以，2005年国家质检总局把海参地理标志城市颁发给大连，是有一定说服力的。

一只小小的海参，弹跳出一个大大的海鲜市场。

大连的海参分三个圈层，第一个圈层是渤海湾圈层，第二个圈层是大连湾圈层，第三个圈层是长海县和獐子岛圈层。在不同的圈层里，又有各自的产地小圈层。不同圈层从产地、品种、品质、规格及产品标准上形成区隔，最终体现为价格和产量的区隔。在不同的圈层，结合产业发展战略及不同企业的定位与战略，形成区域海参产业极具竞争力的发展模型。

海参生活在洁净的大洋深处、浅海和沿岸浅水区，目前已经发现的海参有1000多种，仅有40种可以被食用，在我国可以食用的仅20种左右。除了采捕野生海参以外，目前世界上只

肉末海参

鲜淮山烧海参

有中国等少数几个国家开展了海参的养殖和增殖放流工作。在我国海参种类中只有刺参开展了增养殖，增养殖方式主要有以下几种：第一种为海区浮筏笼养：即在海上浮筏悬挂养殖笼或将养殖笼放置于海底养殖海参；第二种为池塘养殖：具有管理方便、见效快的特点，又可同对虾等养殖结合起来；第三种为陆上工厂化养殖；第四种为底播增殖放流：通过改造海底环境，移植亲体海参或用在海区投放海参苗的办法达到收获海参的目的。底播增殖放流刺参的成活率和回捕率均较低，但海参质量相对最好。

海参营养价值好坏主要看体表是否有“刺”，分为无刺的“光参”和有刺的“刺参”。无刺的“光参”就是大连人常说的“海茄子”，营养价值和价格比较低；有刺的海参包括“刺参”“绿刺参”“方刺参”“红刺参”等，其中以产于包括我国北方沿海在内的北太平洋、日本海沿岸的刺参（又称仿刺参）的营养价值和价格最高。在我国辽宁、山东沿海通常把刺参称为“海参”。

刺参，是海参族中高贵的一派。大连是中国刺参的主要产地。大连刺参营养价值极高，是宴请中外贵宾的高档品，主要分布在黄渤海区。刺参作为一种珍贵的海味被列为“八珍”之一。据《本草纲目拾遗》中记载，“辽东产之海参，体色黑褐，肉嫩多刺，称之辽参或海参，品质极佳，且药性甘温无毒，具有补肾阴，生脉血，治下痢及溃疡等功效”。因其药性温补，足敌人参，故名海参。

一般来说，3年以上的海参是适合采捕和食用的。而5年以上的海参营养价值更高，对身体极其虚弱的人有大补作用，对肿瘤严重的人有缓解病情的作用。

一方水土养一方人，大连人引以为豪的海参给这个城市带来了无限的健康荣光。各种海鲜烹饪大赛和海参菜大赛，为这道城市荣光不断地增添着新的光环。

韩建华，在大连做过多家酒店的一位厨师长，在他23年的厨艺生涯中，对海参菜的探索几近着迷。在把胶东派、济南派、鲁西派烹饪技巧试验个遍的同时，对南方海参的一些做法也加以研究。他觉得，南方海参的养生质量虽说不如北方，但清淡鲜爽的做法却有高出北方人做海参菜的优势。江南菜系中自古就有海参精品，苏州人就创造出“煨海参”“蝴蝶海参”“十景海参”“八宝海参”“变蛋配海参”等著名菜肴。江南菜系格外强调海参菜的配伍、造型和花样改制，菜品上盘色泽鲜亮，造型美观，主次分明，同时又香气外溢。这种强调香气与精美外观的海参烹制手法，理应成为大连海参菜的借鉴之宝。在2007年大连市政府举办的中国海参文化节暨棒棰岛海参大赛上，他参赛的一道海参菜“蓝花海参”获得金奖，专业评委还封他为“大连海参王”。评委大师董长作说，这个荣誉不仅仅指他获奖的这一道菜，而是他多年来对海参菜研究的执着。摩根机械公司一位老总在乡下给母亲过生日时，亲自请他做这道香气十足、盘式优美的“蓝花海参”。

2007年，韩建华大厨获得大连海参菜大赛“大连海参王”称号

概念大海鲜

“大菜”的概念，过去一般指三个内容：1.酒席中后上的大碗的菜，如全鸡、全鸭、肘子等。2.泛指酒席。3.旧称西餐。从这个传统的定义中就会发现，大菜的特点是盛器大（大碗），菜肴档次高（过去一般家里请客把全

鸡、全鸭、肘子当成大菜），菜肴品种多、数量大（酒席），形态各异而花样繁多的器皿装的一道道菜（西餐）。于是可以得出这样的结论：大菜就是场面大，席面菜，丰富的菜肴和味道，盛菜的器皿美妙大器。

大连人把大菜通常叫硬菜，请朋友吃个饭谈点事，没有大菜有时是不行的。你在大连常会听见朋友说："今天请老王吃饭，整点什么硬菜？"这个"硬菜"，就是档次比较高的大菜，像海参、鲍鱼、鱼翅、燕窝、生吃鱼刺身、牛刺身什么的，或是设计一个什么样的大席面。

大菜见证了一个厨师的深厚功力和文化修养。

"我认为，做大菜要注意六个亮点：味道好是第一的，菜漂亮是必须的，好菜名是必要的，盛器美是重要的，有意境是完美的，养生菜是都要的。我当年获得辽宁名宴的'海鲜豆腐宴'，就是参照了这六个标准来设计的，评委认为我的豆腐和海鲜原味很浓，盘式美观，几个菜名紧扣主题，用的器皿也让豆腐上了档次，有意境感，都是养生的搭配。"董长作大师的大菜六条标准，我默默记在脑子里。

我想起了另外一件事和另外一个人的话。

2004年9月18日和19日，我随同当时还在大连一家三星级酒店做厨师长的朋友李颖渊一道，坐船赶到天津塘沽，参加在那里举办的中国国际中餐名厨创新菜展示活动。多年前从大连富丽华大酒店跳槽辗转几家星级酒店做总厨的李颖渊，是大连王麻子酒店主人、中国烹饪大师王玉春的徒弟。王玉春又是大连中国烹饪大师戴书经的弟子。那是由中国烹饪协会与天津市烹饪协会等部门联合主办的一项活动，每两年举办一次，是中国厨师行业最具权威性、最高规格的活动之一。在那次活动中，包括台湾、香港、澳门及内地近20名中国顶级菜系的代表大师汇集天津集闲佰悦大酒店，进行了菜品展示。我在那两天时间里，还有幸见到了在这之前中国烹饪协会首度评出的让我十分崇拜的中国十大烹饪大师们，其中就有大连的戴书经大师。

李颖渊当然是来参加比赛的，和国内其他参赛选手一样，他还带来了两位助手，陶强和小付。陶强的刀工我见识过，是很厉害的，豆腐能切成细丝，中餐盘式比西餐盘式还要有艺术性。有他打下手，李颖渊是最放心的。

记得18日晚上，匆匆吃过欢迎宴，我就和这哥儿仨赶到大酒店厨房。全国的选手基本都到齐了。连内地和港澳台十几家电视台记者也扛着摄像机，早早对准了自己省份的选手。在大连的中国烹饪大师戴书经的亲自指导下，李颖渊创作完成的一组风光夺目的菜肴组合“龙腾四海宴”，分别由“跪拜赤龙”“黄龙太极”“蟠龙献花”“龙车献果”“白龙吟诗”“青龙争鸣”“苍龙穿云”“游龙戏月”8个系列及精美菊花6小碟组成，获得了中国中餐名厨金奖。

干烧牙片鱼

“龙腾四海宴”的创意几乎将大连海鲜原料全部用尽，在数不清的镁光灯的闪烁下被多名顶级大师称赞。大连的海参、鲍鱼、鱼翅、大虾、海螺、海胆、赤甲红蟹、大虾夷贝等大海鲜，蚬子、文蛤、蛏子、海肠、海蜇、海红、虾爬子、海蛎子等小海鲜，以及渤海刀、大蛇蛸、牙片鱼、偏口鱼、鲮鳒鱼、黄鱼、黑鱼、鲅鱼、鳕鱼、梭鱼等大连海鱼，还有海带、紫菜、裙带菜等海菜，都被他用上了。这是一个大胆的想象，也是对大连海鲜真正意义上的一个全面性的主题概括。

盐爆海蛏

中国当代鲁菜泰斗王义均当时也在现场，那年他77岁。许多记者请他评价一下这道让众多人瞩目的海鲜大菜创意的效果，我记得他是这样评价的：“集尽海鲜原料，创意生动活泼，营养搭配合理，尽显大连优势。”

我与王老交换了一些关于大连海鲜菜的心得。王义均大师说：“大连与山东一海之隔，胶东海鲜与大连海鲜几乎同出一海，相对来说大连海鲜更有一些优势。小李子创造的这道海鲜大菜，做足了大连海鲜的主题。大连海鲜

大厨李颖渊平时就喜欢用啤酒做菜，爱研究大连海鲜，获得全国大奖并不出人意料

这些年在每届烹饪大赛上都占了先机，说明大连海鲜是全国人认可的啊。小李子获得的这个奖，含金量高，大连人该为有这样的海鲜菜骄傲。还有，这里的一组小海鲜做到这么大气，是我比较欣赏的。”

“您老的意思是说，这小海鲜也能做成大海鲜？”我试探着问。

“对，这个形容好，做小海鲜要有大海鲜概念，即使一般原材料也要想到，它可能就是一道大菜。”王老说得很坚决。

宣布李颖渊获奖那天下午，好像是我获了奖似的，我硬是拉着李颖渊在天津街头乱窜。天津人挺奇怪，下午居然很少有酒店营业的。我们只好进了一家快餐店，点了六瓶啤酒和几道快餐小菜算是庆贺。

“王老对你的评价你都听见了吧？”我问。

“鲁菜泰斗这样评价，我很不好意思，不过，我会记住这份鼓励的。”

“他说到‘做小海鲜要有大海鲜概念’，你怎么看？”我觉得他一定有自己的想法，不然不会把那组小海鲜做得那么好。

我一直记得，那是获奖组合海鲜大菜“龙腾四海宴”中的第三组“蟠龙献花”，煮熟微红的小蚆蛸搂着海螺壳套成的树干弯曲而上，伸出花一样的八爪，在彩色扇贝壳、毛蚬子壳、花蚬子壳等花朵型的围裹下，各种贝类肉五颜六色地变成几朵层次不同的鲜花，海菜挂在树干上，倒了酱油的辣根是鲜花的根部。由三文鱼肉、金枪鱼肉和黄剑鱼肉做成的主菜龙，高高挺起，腾飞状盘旋在席间中间金黄色宫廷式大器皿的盘中。

“我一直有这个念头，”李颖渊说，“大连菜主要是海鲜，很多厨师瞧不起小海鲜，我不这么看，小海鲜的营养价值不比大海鲜差，既然如此，你就应该把小海鲜当回事。我每次做小海鲜，都想到这可以做成一道海鲜大菜，原料组合、器皿搭配、营养结构、典故韵味都要好，有了这些想法，这道菜就可能做得不错。”

他给我讲了一道菜的故事。有一次他到乡下寻觅新菜，发现农家小饭店把粉条和土豆丝煮着吃，吃的人真不少，就是觉得缺了点什么。他想可以改良一下啊。回到酒店经反复思量，他改良起这道菜来，鸡蛋、粉条、土豆丝、小海鲜肉放在一起油煎，呈田园形状端上来，起名叫“海边田园菜”，营养味好，盘式动人，那一个月里卖了89盘。老板说，这哪儿是小毛菜，是大菜啊。

“一道菜色、香、味、形、意、养的内涵都具备了，就是一道大菜，无论它的成本多么低或多么高。”这与董大师的大菜六条标准不谋而合。

那年在天津举办的中国国际中餐名厨创新菜展示活动中，大连人收获颇丰。大连著名烹饪大师戴书经和把大连名老菜馆聚仙楼继承发扬下来的开发区中国烹饪大师韩吉光喜获中国烹饪大师展示金奖，戴书经大师的获奖菜肴“蚝皇南非鲍”和“鱼扇千层肉”以及韩吉光大师创意的“金凤献鲍”，给人留下极深的印象。我注意到，获奖大师的菜品，与大菜概念十分吻合。

“大连的小海鲜品种多，市民百姓也喜欢，把小海鲜做成大海鲜，就能检验一个厨师的水平和功底，小海鲜做成了大海鲜，经济效益和烹饪技巧的意义就大了。”董大师略显惋惜地说，“有些年轻的厨师不像从前的年轻厨

鲜炒蛇蛸

师那样钻研技术了，老是想着走偏门，投机取巧，小海鲜中的大海鲜概念四不像，小海鲜也糟蹋了不少。比如炒蚬子，配上好的时蔬和其他海鲜食材，打好创新的盘式，就可能是一道很好的大菜，他们却没有那个想法，就是平时学艺不精钻不进去。”

我眼前却浮现出一个比较年轻的面孔，还是看到了大连顶梁柱厨师在这方面的希望。

有风景的大连海鲜

风景菜肴，就是将大自然中的风光景色浓缩再现于菜肴之中，烹技独特，色彩鲜艳，造型美观，能给人以精神和物质享受。它是通过对各种食品的雕刻、拼摆、烹制等方法而形成的一种特色菜肴，以冷菜为主，热菜、汤菜为辅。

有一个叫卡尔·华纳的英国食物摄影师，拍摄了一组作品，将菜市场菜肴变成了一张张艺术杰作。初一看，它们好像是一般的风景画，然而这些独特的美术品却是菜肴艺术品，因为其所有素材都是食品。比如，让大蒜气球飘浮在椰菜地里。在购买这些素材之前，华纳先将自己的想法绘制成草图。大多数作品都要几天时间才能制作好，其间还使用烧针和强力胶水。这些食品非常优质，足可以食用。

我看过十几幅华纳的食物风景图。谁能想到，各色的蔬菜肉品除了能成为餐桌上的佳肴，还可以摇身一变，组合成为栩栩如生、意趣盎然的风景画呢？在落日的余晖下，一艘绿色的小船在肉红色的海中荡漾。但是如果你把手伸进引人心动的波浪中，你可能会被扎到。因为这个波光粼粼的海洋实际上是用还冒着热气的大马哈鱼的肉做成的。散落四处的岩石和小鹅卵石都是黑色的苏打面包以及马铃薯堆积的。沙土则是用红糖堆撒出来的，欧芹和莳萝的叶子被做成树木，船是豌豆荚摆成的，即使天空也是食物做的，大马哈鱼肉被切成薄薄的小片，外面罩上一盏灯，看起来就像满是阳光的天空，神秘的海底世界，西兰花是主角，水下正中带刺的家伙是一种热带水果。远处陡峭的山崖由面包做成，下面还有一顶饼干小帐篷，那倒挂的钟乳石，你看不出来是胡萝卜，土豆变成了岩石，西兰花化身为大树，坚果的碎屑铺就

卡尔·华纳这位英国食物摄影师的作品没惊着你吧?

了乡间小路，气球则由苹果、芒果、草莓、香蕉、大蒜、柠檬和酸橙雕刻而成，小推车的框是面包片做成的，且有一个蘑菇轮子，想不到吧？在巴斯特牧场，蘑菇被设计成拖车的轮子，车身是用意大利烤宽面条做成的，车上摆满了大蒜，意大利通心粉围成各种形状的田野，脱脂意大利干酪捏成建筑物和白云，松子搭建矮墙，倒立的辣椒形成树的模样，烤面包构成了阿尔卑斯山风景的背景，有斯第尔顿奶酪和切达干酪岩石、薄脆饼干的屋子、花椰菜云彩和面包屑铺就的乡间小路。托斯卡纳住宅充满美味，有新鲜的意大利面窗帘和桌布、新鲜土豆制成的碗、新鲜巴尔马干酪制成的墙，用西兰花和豌豆做成树的形状，用黑面包做成山脉，上面撒上白糖成为瀑布，香草荚树中加上豌豆，孜然撒成小径、小镇风情，屋子是脱脂意大利干酪做的，遮阳棚是彩椒切片而成的，坚果与碎屑铺就了小路。这一幅田园风光图，我只看得出地面好像是用大米铺就而成的。又是一幅美丽的画卷，山丘因雕刻的切达干酪带来了生机，大蒜球在湖上充当小船，面包棒做成的码头，等待着同样是面包的汽船远航归来，不过汽船上的烟囱，却是芹菜做成的，狂怒的大海和暴风雨天空由紫心卷心菜制成，而船体是一个小胡瓜，桅杆是直立的芦笋，嫩豌豆构成舵手室，天空、树木、山丘，想不到意大利冷肉竟然身兼数职！猜猜近处的小推车和远方的小木屋是什么做的！面包棒河滩上的怪石是面包，木屋是面包棒做成的，屋顶是冷肉片，河流、天空同样是冷肉薄片，牡蛎、扇贝和螃蟹构成前景，鲭鱼和鲱鱼打造远方的海洋，鳕鱼和西鲱制成海岸，百里香竖立成树木，而船只则是由葫芦插上一片嫩豌豆当桅杆，很逼真的。在介绍给您这些风景菜肴的同时，我自己都陶醉了。如果你是一位厨师，读到这里，我相信你一定找到制作风景菜肴的感觉了，那你可真得谢谢我帮你大开眼界呢。

中国的风景菜肴历史悠久。宋代陶谷的《清异录》中记载：五代时的尼姑梵正，曾用创、烩、脯、酱、瓜、蔬等，黄赤杂色，对成景物拼盘，若坐及二十人，则人装一景，二十只盘景合起来，则拼成一幅大型风景拼盘，就是唐代诗人王维住处“耦门”的风景图样。可见五代时我国的风景菜肴已有了一定水平。尼姑梵正也由此成了“菜上风景”的鼻祖。

新中国成立后，国家对传统烹饪技艺极其重视，广大厨师发挥了积极的创造精神和想象能力，用手中的刀具，描绘祖国的壮丽河山，使这一传统技艺得到继承、发展和创新，达到了新的烹饪艺术境地。近年来，各地陆续出现了许多优秀的风景冷盘：北京创作了以“北海”为题材的作品；杭州创作了以西湖的“三潭印月”为题材的作品；扬州创作了以瘦西湖上的“五亭桥”为题材的作品等。风景菜肴各地开花招人喜爱，是社会物质发展的一个侧面反映。若梵正在世，一定会心悦诚服。

全国最佳厨师刘宏亮迷上了风景美食并获得了全国大奖

大连也有一些40岁左右的厨师，在风景菜肴的象牙塔里镂刻，多年痴心不悔。全国最佳厨师、 全国优秀厨师、国家高级烹调技师、大连名厨刘宏亮，这些年就是受大连海滨风景的启发，创作了不少大连海鲜风景菜肴。

就说大连景点菜品“海之韵”吧，地地道道的大连海鲜大菜。主料是鲍鱼10只，大海虾10只，调料是鲍汁100克、高汤2000克、红花汁10克、番茄沙司25克、泰国鸡酱25克、大红浙醋50克、砂糖50克、红花汁少许，味啉、生粉少许等。做法是鲍鱼经加工，改切呈树叶状。经上汤高压煲制入味后，用鲍汁、红花汁、味啉调制勾芡后围边。大虾去头尾洗净，片改成虾球形，呈浪花涌状。腌制后加番茄沙司、泰国鸡酱、大红浙醋、砂糖小火熗制围在盘中。特点是口感独特，造型别致，营养丰富。在这道菜中，菜品经雕刻及改刀后有一种波涛汹涌浪花起溅的感觉，再配以海豚、海鸥以及鲍鱼等形象装饰，有一种有山有水、安静祥和的韵意，因此得名“海之韵”。这道菜曾在武汉举办的全国中餐技能创新大赛中荣获创新大奖。

我看过一部分刘宏亮的海鲜风景菜肴图片。他的食物风景虽然不如卡尔·华纳那样大气磅礴，却也是袖珍海鲜大连风景的精致版本。这个刘宏亮平时不声不响，像不存在似的，却净做露脸的大事。

“一口鲍鱼一口金”真不一定

《五杂俎》中载：西汉末年，新朝皇帝王莽非常爱吃鲍鱼。每当忧闷不食时，就用鲍鱼做菜下酒，吃了鲍鱼菜后，就会精神大振。一只十几年才长成的1.5千克重的超级大鲍，炮制后大约只剩下200克重，十几年的精华一口吃掉，所谓的“一口鲍鱼一口金”实不为过。鲍鱼的身价名气在中国菜里绝对有高不可攀的霸主气势。

这里说的“一口鲍鱼一口金”，并非完全指鲍鱼。凡是大连的海鲜好食材，都在其中。大连海鲜名扬天下，不是新鲜话题。大连海鲜是否真做到了“一口鲍鱼一口金”，还真不一定。海鲜好食材，一定应该是大菜式的精品菜效果，这里就包括了厨艺到家的功夫和养生文化的底蕴。

任何一国饮食的文风，都与它的历史盘根结缘。

中国人的大吃大喝在夏商时代已经形成，今人认为始于夏桀的“肉山脯林”，食必方丈，酒池肉林，一副贵族的派头。到了周代，“礼食”有了“八珍百馐”，丰盛之极。汉成帝时，面对五侯有时一起送来的美食，不知怎样品尝更好，就将所有馔品倒在一起，回锅一炒，“合以为鲭”，这就是中国历史上最早的杂烩菜了。南北朝时，大型花式拼盘菜肴历史上首次出现了，一顿饭摆出若干盘盏，仅为悦目而已，“积果如山岳，列肴同绮绣”，吃东西开始讲究美了。隋唐时期，饮馔风极，李白在《行路难》中就有“金

红烧肉焗黄金鲍

樽清酒斗十千，玉盘珍羞直万钱”的愤世诗句。宋代是中国饮食史的一个例外，君臣节俭之风形成一种社会时尚，文学家黄庭坚在《食时五观》中告诫人在饮食上不能过贪、过嗔、过痴时，又强调了五谷五蔬对人“正事良药，为疗形苦”的饮食养生道理。饮食之道到了清代真正形成了古代美食理论完善的状态，李渔的《闲情偶寄》和袁枚的《随园食单》代表了这个状态。清代著名戏剧理论家和作家李渔，把《闲情偶寄》分为饮馔、种植、颐养三部，饮馔部分又分蔬菜、谷食、肉食三节，蔬菜为第一节，肉食为第三节，明确提倡清淡饮食的主张。清朝大文学家和大美食家袁枚的饮食思想接近了生存的实际，他认为饮食生活上过于奢和过于俭，都失之偏颇。他在《随园食单》中介绍了300多种饭点茶酒南北菜肴，20条厨事原则，14条饮食原则，今天许多烹饪大师和美食专家的厨艺与理念，都和这位不是专业厨师的大文豪息息相关。你看这个不是专业庖丁的袁枚，比庖丁还专业：选择食材要取精良而用之：“物性不良，虽易牙烹之，亦无味也。”清洗烹饪原料，要抓住关键所在：“肉有筋瓣，剔之则酥；鸭有肾臊，削之则净；鱼胆破，而全盘皆苦；鳗涎存，而满碗多腥。”这些实践所得，可都是厨师要掌握的啊。还有菜肴“相女配夫”式的搭配，调剂原料的灵活多变，武火与文火的把握，美食配美器的必要性，咸淡酸辣的上菜顺序，菜肴味型的浓腻把握等一系列知识，都是他自己无数次的下厨所获，这简直就是厨师的爷爷辈啊。

切不要以为我对国人食话概述得啰唆，不了解这一切你就不可能在中国做出一手好菜来，“一口鲍鱼一口金”的发财梦，就是一句笑话。从贵族派头，你知道了有时吃喝排场的重要性；从悦目美食，你知道了中国人宴请盘饰的点缀不可或缺；从李渔的清淡饮食主张到袁枚的专业烹饪美食理念，你知道了好食材加工成天然养生美食须有专业功夫的重要性。总结国人食话，就是在细心开发“一口鲍鱼一口金”的丰厚内涵。

有一个大连人，真的把大连海鲜做成了“一口鲍鱼一口金”。如今，他已是世界中餐联合会的国际评委。我认识他，就是从见识他那道风靡东北的“松露黄金鲍”开始的。这个人叫由晓东，是大连富丽华大酒店中餐总厨师长，也是一位山东福山的厨师。

2010年夏天，由晓东邀请董长作大师和我到富丽华大酒店品尝他的几道创新菜。那晚我才知道，这位在大连中餐圈里很低调、做菜又很厉害的人，爷爷和四爷20世纪50年代是天津市相当有名的餐饮哥俩，爷爷叫由芝岳，“面二”的高手；四爷叫由芝玉，天津鲁菜大厨，中国烹饪大师、天津狗不理包子餐饮集团公司董事长赵嘉祥就是他的大弟子。这哥俩平时话不多，做事可很牛。1950年毛泽东主席到天津市检查工作，吃的就是这哥俩做的饭。爷爷由芝岳的银丝卷和四爷的葱烧海参，都被毛主席称赞过。他还记得小时候看爷爷做空心拉面和牛肉蒸饺的情景，十几岁时听过四爷讲过葱烧海参、九转大肠等鲁菜的做法和看过他做菜的示范。可能是受爷爷和四爷的影响，他从小就喜欢看人做菜。在大连旅游职高烹饪专业毕业后，又去了重庆烹饪技校学习，在重庆老四川学了川菜，到北京长富宫饭店学了日本料理，还到广州白天鹅酒店学了粤菜，之后又到日本

中国烹饪大师、富丽华大酒店中餐总厨师长由晓东

由晓东的菜品青笋菜

做了几年餐饮，一回来，就被富丽华大酒店聘用了。

“了解了中国美食理念的发展过程，客人需要任何宴席你都能做到心里有数。比如客人需要一桌既有排场又清淡的宴席，你就可以把盛硬菜的器皿设计得大器华丽一些，再把那些清淡菜设计出田园风光的感觉来，客人就会对这种有档次和有特色的菜肴很满意，还不影响酒店的收入。”由晓东举了自己工作的例子说。

“松露黄金鲍”端上来了。摆在一侧的五片比拇指盖大的黑松露，国际价是很高的。图盘中一只去肚的大连鲍鱼焗成金黄色，半切两刀，上边贴了金箔，黄灿灿地闪着光。鲍鱼旁竖着一片切好的面包片，左右配着西红柿圈与立起的青菜叶。西红柿下简练地流淌着胡椒汁。盘饰的颜色、构图与空白如此艺术，是有别于日本料理和卡尔·华纳的英国食物风景的另一种意境画，蛋白质、维生素C和碳水化合物的营养搭配比较合理。

我与董大师互相看了一眼，没有动手里的刀叉。

“别担心，我自己花钱，借酒店环境来用一下，请你们多提宝贵意见。”由晓东态度很诚恳。

由他带头，我们品尝起来。

黑松露口感润滑，鲍鱼似乎入口即化，配上香酥的烤面包格外舒爽，青菜叶和西红柿片及时润口补充水分。吃的过程，口感一直在变化之中。

松露黄金鲍

另外，“五彩沙拉鱼翅”新在八珍食材与西餐的组合，“清芥海参”打破传统鲁菜的海参做法，“酱烤银鳕鱼”淡淡渗进了酱料的复合鲜味，“酸萝卜炒螺片”有意识地强调市井口味与商贾大菜的难分难解，无盐矿泉水煮的“南方芽菜羹”大胆地夸张着李渔的清淡美食观。上菜的顺序也很讲究：先上咸鲜的“酱烤银鳕鱼”，再上淡鲜的“松露黄金鲍”与“五彩沙拉鱼翅”，接着上微酸的“酸萝卜炒螺片”，继续上微辣的“清芥海参”，最后上无盐却感觉鲜美的“南方芽菜羹”。根据人的味觉承受感，菜味的不断变化总是很舒服。

董大师情不自禁地赞叹：“晓东的菜好就好在面对任何层次的客人，都有一套合适的菜单，无论是几道菜，根据客人身份要求，做到专业合理搭配，不降档次还有特色。上菜的程序也很科学，比如最后上的这道用不放盐的矿泉水煮的‘南方芽菜羹’，如果一开始上就没味道了，最后味蕾已经承受了很多味道，这时候上这道汤，天然的鲜美菜味就很舒服地表现出来了，这是综合知识、文化修养和厨艺水平的结晶。”

这话我服。几年前他获得的中华金厨奖菜品“珊瑚海参”，在用糖做珊瑚时注意食用糖的实际需要量，加上他的主菜，在大连市第一个发明的蜜汁卤水海参，把味道、色泽、香气、营养、意境和造型做到了几近完美的程度，评委基本一致地打了高分。新加坡前总理吴作栋、朝鲜前主席金正日、日本前首相桥本龙太郎、香港著名演员梁小龙、中国作家蒋子龙等众多名人政要，吃过他的菜都会夸赞几句。看起来，国家级中餐评委、中国烹饪大师、高级技师和辽宁省烹饪协会理事这些头衔，不是白加在他身上的。

把文化人请进餐厅

做餐饮的人一定要与文化沾边，美食一与文化沾边，就会做出带火花的菜，美味四溢，激情四射。

与文化沾边的美食，古时莫过于伊尹的故事。伊尹在平民时就以才能和厨艺高超而名闻四方。商汤听说后，向他询问天下大事。伊尹从烹调的技术要领和烹调理论，引出治国平天下的道理。商汤听后心悦诚服。后来，商汤尊伊尹为宰相，并在他的辅佐下，讨伐夏桀，建立了商朝。

伊尹以美味来讨论治国的道理。老子也曾说过：治大国如烹小鲜。凡事物的至理，大都暗合于道。虽然饮食只是小道，一旦达到极致，也包含天下的至理。“虽小道亦有其可观之处”，此之谓欤。

谭家官府菜的清汤燕窝素有“食界无口不夸谭”的美誉，“长于干货发制”“精于高汤老火烹饪海八珍”是大家都知道的。在所有谭家菜的头菜中，清汤燕窝和黄焖鱼翅这两道菜为珍宝中的明珠，“厨师的汤，唱戏

喜欢和文化人打交道的春天酒店代红彬总经理

的腔”这句餐饮界名言说的就是谭家菜的高汤和谭鑫培老先生的唱腔，也形成了谭家菜独有的文化特色。谭家菜的黄汤千百年来被称为“珍馐”，入汤的鸡一定要用皮紧、皮薄、皮下有黄油的走地鸡才能煨得出鲜美异常的谭家汤。再加入提香的火腿，提鲜的瑶柱，以及干贝、整鸭等多种名贵食材，慢火细吊至少十个钟头，待入汤食材的营养与美味全部融入汤中后，才会过细箩出醇汤。吊制出的汤分为浓汤和清汤两种，在清汤燕窝这道菜中用以煨燕窝的就是“汤清如水，色如淡茶”的清汤。

古来有一些宴席，必须伴有吟诗联句活动，让诗与食一体联动，多见于文人聚会。《三秦记》中就有汉武帝元封三年（公元前108年），以香为柏，筑柏梁台，台成置酒，诏群臣赋诗的记载。这是中国最早的文人酒宴。据说凡能为七言者乃可得上座，被后人称作“梁柏体”。唐宋时代，吟诗作文的“文酒会”“文字饮”活动，三天两头出现。若多文人雅士，面对珍馐美味，把酒临风比诗，千古绝佳妙句，更是不胜枚举，造就了一地一文一景一味，留下了名店名菜名厨名人。君不见，曹雪芹一首《食螃蟹绝唱》，道出的吃螃蟹经供几代后人食蟹享用。明代诗人李流芳一首《煮莼歌》，使杭州莼菜成了多少代各地人士喜尝的美味。陆游的《食粥》美句“我得宛丘平易法，只将食粥致神仙”，令多少人回味悠长。范仲淹《齑赋》曰：“陶家瓮内，淹成碧绿青黄；措大口中，嚼出宫商角徵”，声色并茂，谁人都想爽试这道妙绝。

大连不少酒店餐馆在文化意识上都很强。春天酒店是大连一家二星级酒店，酒店级别不高，却总是有那么多层次比较高的人士前往，一般市民请客，也要设法订到那里。北京贵宾楼饭店大厨李英民曾经评价过这家饭店：

规模不是大酒店，菜品绝不次于大酒店。他还把春天酒店的一组梨园新春菜肴拍成几百幅照片，发到北京的酒店让他们模仿学习，说这些菜肴文化味之浓超过北京一些大餐馆。

春天酒店总经理代红彬是科班出身的酒店经理人，他做了这家店十几年的经理，恪守的一条原则就是菜品要精，名字要好，味道要好，器皿要配得漂亮大器，要有意境。为了把厨师长的菜肴变成真正的文化味菜品，他不惜请报社电视台记者为他们酒店的菜肴起名。

酒店有一道和盐水杂拌的菜肴差不多的菜，在海毛菜漂浮的稠汤下，组合了海螺片、海参片、虾仁段、鱿鱼片、蚬子肉、海蜇皮六种比较高档的海鲜食材，点了水淀粉的鲜香老鸡汤配上胡椒粉后，喝一口鲜鲜的稠稠的，海鲜肉片嚼在嘴里，脆嫩爽爽的。菜肴盛在一个大大的青瓷大碗里，看上去很大器，怎么看都是一道充满古典文化味道的菜肴，就是名字不好听，叫海鲜羹。被邀来品尝的大连电视台记者赵强本身就是一位诗人，当场就叫停了这个名字：“这个名字把这挺高档的菜给贬值了，我看就叫‘青瓷大海’吧。”我第一个叫好，好名字，青瓷——这只大碗本身就有中国古代文化的韵味，六种有档次的海鲜肉盛在其中，代表了海洋，大连是一个海滨城市，名字还好记，是个好名字。代红彬带头鼓掌。在一桌文人的七言八语下，十几道菜的名字都改了，代红彬让服务员一一记下，几天后就更改了菜名。

据说在春天酒店厨师长不好当，代总对他们要求太高，不过从春天酒店走出去的厨师长，在外面“混”得都挺明白，因为他们出品的菜肴很棒，客人喜欢。

赵升武曾经是大连香格里拉大饭店的中餐总厨，属于大连餐饮业中坚那股力量。2011年他从外地一家五星级酒店回到大连，就让这家酒店的中餐有了不小的起色。他对老板的中国风格菜肴配器皿大为欣赏，他了解到当时香格里拉的主要客人是中

赵强

香格里拉大饭店中餐总厨赵升武对菜品的文化色彩很讲究

国人和东南亚人，基本血统接近中国南方人，老板眼光挺准，了解他们需要什么样的美食，在器皿上以南方人喜欢的圆形盘式为主。他对菜品的悦目感觉看得很重。他说，食物除了味道与营养外，看着舒服最重要了。食物本身就有色与形，就有一定的艺术色彩，烹饪成一道道看上去精美、有创意的珍馐美味，那就是一件件艺术品了。

菜品的环境与菜肴的颜色，是他烹饪时把握的关键。他告诉我，菜品颜色能舒缓一个人不好的心情，像芙蓉鸡片、熘鱼片这样的菜，吃着清淡、松嫩，给人洁净、轻松的感觉；松鼠鲤鱼、樱桃肉、生吃金枪鱼片等菜，味道酸甜、香甜、清辣，让人感觉神经兴奋和刺激；一走进绿色的餐饮环境，人就感觉明媚、自然、鲜活；茶色食品像干烧鱼、酱烤鸭、炸乳鸽等，味道浓郁芳香，有一种生活厚重成熟的意境感等等。他研究菜与别的大厨不同的是，一定要了解客人的身份与心情，餐厅的色彩与风格，再下菜单。

他给我举了一个例子：一位女士在他的餐厅订制一桌八菜宴席，这位女士是成功商务人士，希望品位显得挺高价格又挺实惠，趋于清淡海鲜风尚。他给她设计的是“养生参花豆腐羹”“荷塘海胆酿胶肚”“鳕鱼芝士焗鲜鲍”“海胆酱烤大海虾”“蒜蓉青芥雪龙牛肉”“豆香蔬衣海鲜饼”“薄脆青芥虾球”“家乡海肠窝”八道菜。在这个宴席菜单里，他将菜品颜色定位为鲜亮紫红，洁白翠绿，金碧辉映，清凉画面。女客人甚是欢喜，后在两个月内连订了3次宴席。

菜名就是美食文化。赵升武一直重视这个。他告诉我一个“秘密”：每隔一两个月，他就会请一些文人在他的餐厅包间吃上一顿，当然不是白吃的，提点意见，起个菜名，留点想法，出点主意，这是文人们必须做的。

历史上第一次在大连电视节目上看见大连名厨，始于2000年后一个叫姜军的厨师。当时他很年轻，跟随从富丽华大酒店出来后在当时的万达国际饭店做总经理的褚宝玉来到万达国际饭店做行政总厨。有人说富丽华是大连餐饮界的“黄埔军校”，为大连和外地培养了一批餐饮管理人才与酒店厨房大厨，这话还真不假，眼下不少从这里走出的餐饮人都在各大酒店做着总经理或副总经理及行政总厨。褚宝玉是个有超前意识又踏实于眼前效益的酒店管理精英，他在全市第一个想到了用广告推自己的厨师长在电视上为酒店餐饮做广告的念头。《今天吃什么》这个节目就这样出笼了，每天教大家一道菜的姜军成了家喻户晓的餐饮大厨。姜军目前是大连中山大酒店负责餐饮的副总经理，还做着酒店管理策划的工作。他曾感慨地说，“是当年褚宝玉总经理的英明，才有了我姜军后来在全市的知名度。其实，跟那些大师比我差得很远。”而他，现在也是一位烹饪大师了。

姜军

“大连的民俗文化很丰富，美食典故挺贫乏，经常请文化人到餐厅，不失为一个补救的好办法。”董大师也这样认为。他的餐厅里就常有被邀请的记者和文人出现。

大连菜的故事呢？

一道菜一个故事，这是中国的美味精华。中国的东西南北菜肴，囊括了

不止几千个美食故事。

追根溯源，或许火锅的诞生是中国最早的美食典故。那时我们的老祖宗发明了最早的容器——陶制的鼎，一个非常大的锅子，无论是三足还是四足的鼎，在当时，只要是能吃的食物，以肉类为主，通通都丢入鼎内，然后在底部生火，让食物煮熟，成为一大锅的食物，当时叫作“羹”，这就是最早的火锅了。到了西周时代，聪明的祖先不但发明了铜与铁，还把各种陶器品也改良制作成较为小型的器皿，适合一般人使用。直到现在，我们还是使用最实用、最普遍的火锅器皿，而大的鼎最后则延伸为权力的象征了。

“腊八粥”这道美食产生于汉朝，每年农历十二月，人们必定要举行年终腊祭，因此农历的十二月又叫“腊月”。在腊月初八所煮的粥，就取名叫“腊八粥”。这个故事与民俗关联密切。

中国的菜肴，基本就是故事组成的。这话听起来有些夸张，还真不是。一个鱼虾类菜肴，就有60多个故事。杭州“西湖醋鱼”的“叔嫂传珍”美味，把思念交集的感情味道都做进了菜里。扬州松鹤楼做“松鼠鳜鱼”的厨师，在乾隆皇帝非要吃敬神的鱼时，为回避宰杀神鱼之罪，巧妙地将鲤鱼做成松鼠形状，表达了厨艺可以拯救自己的小巧智慧。“全家福”的故事就是一场古代政治灾难，秦始皇听了李斯的谗言，大举焚书坑儒，儒生们妻离子散四处逃难。到秦二世登基，一儒生返回家园发现妻儿不在，跳河自尽被人救起，巧遇家人团聚。为庆贺死里逃生幸福团圆，特请厨师创出这道著名的“全家福”。多种高档海鲜食材融为一锅大菜，代表人间多种难言滋味。对虾大菜“红娘自配”，讲述清宫名厨梁会亭通过设计菜肴引发慈禧太后善举，放生做宫女的侄女梁红萍和其他大批宫女回到民间的故事，彰显了厨艺可救他人的大德智慧。肉类、禽蛋类菜肴故事达几百个，素菜、水果、干果、调料和酒水也有几百个故事，一个小吃类也有50多个典故与传说，随便拿出两个就很精彩。大家都知道春卷是一道小吃，却不知道它的故事。古时京城一位僧人来到楚国江陵某地，闻到庙旁酒店飘过来的阵阵卷饼香味，实在忍不住了，就翻过庙墙跳进酒店饱餐了一顿，后人便赋诗“春到江陵卷异香，无怪高僧跳高墙”，春卷的美名，于是叫响了。牛肉拉面大家都爱吃，却不知道里面有好听的故事。汉武帝为自己庆寿，期望御厨美食有新花样。御厨想到用自己擅长的小吃拉面做点文章。看见满满一桌夹着醇香牛肉条的细长的面条，汉武帝大为不悦，脸拉得很长。一位足智多谋的祝寿大臣忙喊大喜：“恭喜万岁！当年老寿星彭祖活到880岁是因为脸长，‘脸’就是‘面’，这一碗碗长长细细的面是万岁益寿延年的象征啊！”汉武帝一听从大不悦转为大悦，喊着百官文武立即吃长寿面。过生日吃长寿面的习俗，于是正式在中国形成了。

善于用民俗故事来设计菜品或宴席的王晋

王晋是金石滩一家海边酒店厨师长出身的经理人，这些年最大的爱好就是研究菜肴中的民俗文化宴。他有一道“金石九龙成真梦”，受到圈内人的褒奖。夏天高考后的谢师宴，在他的酒店订这个席面的人最多。他的师傅董长作大师也鼓励他，多研发几席大连当地的风俗宴席，能提升大连海鲜的品位。

王晋说，“金石九龙成真梦”这组宴席源于大连金石滩的一个传说。

在金石滩大鹏展翅景区内，矗立着一面刀削般的巨石壁。石壁纹理纵横交错，色彩斑驳陆离，隐约可见龙的身影。这就是金石滩著名的景观之一——九龙壁。

相传，龙王晚年得九子。九条龙九种颜色，九种能耐，九种性格。九条龙虽各有不同特点，但都有一个共同点即自恃有本领，并仰仗龙王娇宠，做尽坏事，搅得人们寝食难安。龙王越来越老了，九位龙子各怀心术，竟然窥视起龙王那块象征无上权力的玉玺来。龙子们为争夺权势勾心斗角的丑恶姿态，使老龙王心里阵阵发痛。一个风和日丽的日子，龙王将一座巨大的石山化作一摊水，盛入一只巨鼎内，并将玉玺放了进去。然后差人将九子唤来。九位龙子透过清清的水，看到了那块晶莹剔透的玉玺，立刻垂涎三尺，眼里流露出贪婪的目光。龙王看看他们，淡淡地说：“为父老了，一直计划把王位传下去，但你们几个各有千秋，我无法决定传给谁。所以，今天我将玉玺放入巨鼎内，为你们九兄弟提供一次平等的机会。先抢到玉玺者，可继承王位。”听到下令，早已摩拳擦掌的九兄弟争先恐后地冲进了巨鼎之内。霎时，巨鼎内乱作一团。你掰断了我的龙角，我扯断了你的龙须。九兄弟怒火中烧，使出了浑身解数。龙王爷看着这一幕，痛心地闭上了眼睛，暗暗地运用了法力。巨鼎内的水渐渐凝固了，一心争夺的九条龙并未意识到身边的变化，慢慢溶化在水里，最后变成了石头。传说从前赶考的人，进京前都会到九龙壁前试一试运气。如能看见九条龙，必是真龙天子的化身，能看见八条龙的可为宰相，能看见七条龙的可为御史，能看见六条龙的可为巡抚，能看见五条龙的可为知府，能看见四条龙的可为知州，能看见三条龙的可为知县，能看见两条龙可为乡长（镇长），即使只能看出来一条龙，也能当个村长。直到现代，依然有人慕名前来瞻仰九龙壁风采，以求预见自己的未来。

王晋想，这个创意好，每年的晋升宴、谢师宴酒店都火，这不是现成的好题材吗？九只大小不同的龙虾龙腾起舞，倚在用香菇、木耳、松茸、海菜打成泥子炸成的巨石壁上，前面是用面包片和面包碎撒成的海滩，远处是用肉酱和火腿做成的早晨冉冉升起红日的大海。在这里，大小海鲜食材都有了，海菜、蔬菜、菌类食材也全了，面包、肉类都在其中，蛋白质、碳水化合物、脂肪、维生素C等营养成分是均衡的，确是一桌健康的美食大餐，有点英国食物摄影师卡尔·华纳作品的意思，且金榜题名、官禄达成的愉悦气氛好个浓重。

“在金州，风物传说的故事很多，我一直在琢磨把有价值的故事开发出来，做成宴席或是菜品。中国的菜肴典故太多了，一个菜有时有几个故事，就说佛跳墙吧，就有4个故事，东坡肉至少也有3个。据说大连围绕海的风俗传说故事有上百个，出自这些典故或故事的大连菜太少了。”王晋有这个意识，是大连美食文化的福分。

风物传说菜肴让王晋一直着迷。金石滩古城神牛斗海妖的故事，金州老和尚山和尚帮助穷人斗财主的故事，青龙火龙争夺珍珠姑娘的“二龙戏珠”的故事，小龙女和小老大誓死相爱的“无情石”故事，都吸引着他，他正在设法把这些风物传说做成宴席菜或单品菜肴，让客人在满足口感味觉的同时，深入了解大连民间风俗。

大连还有一位烹饪大师叫李仁义，业余时间做着中国饭店业国家级评委等几项任职，其烹调业绩还被收入《辽宁史料丛书》。他创作的几道海鲜菜渲染着民间典故文化的色彩。“刀鱼焖鲜海蜇”本身就是一个典故，据传大连以前是一个小渔村，渔民靠打鱼为生，一日渔民打上一条四指宽的大刀鱼，很是高兴，便叫上邻居一同享用，其妻子将鱼焖入锅内。可是邻居来得太多，其妻子怕不够吃，正好看见一同打上来的鲜海蜇，便一起焖入锅中，没想到鲜上加鲜，非常美味。众人吃后赞不绝口。以后这道刀鱼焖鲜海蜇在渔村便流传开来，一直延续至今。这道菜重在老汤调味，收汁装盘放入香菜提味，操作关键是鲜海蜇一定要泡水去咸味，体现的口味是鱼鲜味美、海蜇爽脆。“砂锅裙带菜海胆糕”这道菜肴的创作灵感源自大连盛产的海胆，味道很鲜美，单独做汤有些口感单调。他把渔家蒸水蛋的故事内容改良后，创造了“渔夫寻妻献海胆水蛋”的故事，海胆加入蒸水蛋和鲜裙带菜，使汤汁更加鲜美，得到食客的一致认可。操作关键是海胆别蒸老了。汤汁咸鲜，海胆糕爽滑，是这道菜的看点。“招牌干烧辽参”套进了一个“李时珍发现辽参”的故事，来增加这道菜的卖点。软糯、咸鲜、干香、色泽明亮，是它与其他海参菜不一样的特色。“美极香煎大连鲍”的典故与一个外国厨师在大

大连烹饪大师李仁义

李仁义的刀鱼焖鲜海蜇

李仁义的招牌菜——干烧辽参

大连“故事菜经理”姜永

连用西餐方法做大连鲍鱼的故事连在了一起，咸鲜香浓的口味有些特点。

大连还有一位叫姜永的酒店经理人，曾经做过几家四、五星级酒店经理。这些年，有人给他起了个外号——故事菜经理：无论走进哪家酒店，他都会掺和到餐饮活动中去，专爱给菜编故事起名，什么“蚬子撒娇驴打滚”“罗锅虾相亲”“虾夷贝的圆舞曲”“幼蟹勾引色海螺”“吓不死的虾爬子”“钢钢不倒的金枪鱼”等等，服务员是一边讲他编的故事一边上菜，食客笑着听完了故事菜也吃完了。临行前还要用某道菜名奚落一下同桌人。在大连的经理人中，他还是很有特色的。

大连人在努力寻找自己的美食故事，大连菜的故事还是少之又少。大连厨师该卖力了，大连文化名人该做点什么了。

好美食就是一幅画

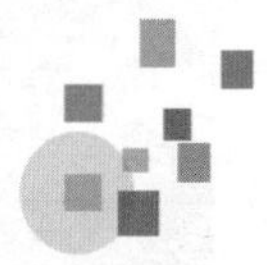

美食和艺术结缘，一定很受欢迎。

作家洪烛在自己的《中国美食：舌尖上的地图》一书中认为，中国最早冲出亚洲、走向世界的是饮食文化。在征服舌尖、胃口的同时征服人心，“不战而屈人之兵”，是有道理的。有一位大连名厨，20多年就做了一件事——把美食变成艺术，有了后来让多少厨师梦寐以求的成就，也迎来了那个神秘时刻。

有人讲，“食”这个字在甲骨文中很像是在一个屋檐下升起一堆火这幅画的写意。这话有理，中国人从古代到当下一路吃来，嘴里是越来越丰富美味的美食，心里是浓浓的人情味画卷，这幅长长的展开的情意浓浓的美食画卷，自然就变成了一件让人感慨万千的味道艺术品。

宁家浩说，如果美食只讲盘式艺术，不讲味道艺术，就不是好美食。美食是什么？美食是一幅好吃的画。

宁家浩

让宁家浩最服的美食国家是意大利，在世界上有“香草意大利”之称，香草本身就是一种辅料食材，面对很多加了香草辅料的意大利美食，你一下子就能想象到意大利的味道了，就像我们走进亚洲任何一家香格里拉酒店，一进门都能闻到的那种浓郁温馨的芳香一样。尤其是意大利面，花哨而又繁荣，在外形、颜色、口味上，就像万花筒世界，水管通心面、卷通心面、斜口通心面，螺旋面、蝴蝶面、贝壳面、细面，扁细面、耳朵面、面疙瘩、面饺、宽扁面以及制作千层面的面皮等，从外形上分辨面的名称就多达300余种。面条颜色有红、橙、黄、绿、灰、黑等。红色面是在制面的时候，在面中混入红甜椒或甜椒根；橙色面是混入红葡萄或番茄；黄色面是混入番红花蕊或南瓜；绿色面是混入菠菜；灰色面是混入葵花子粉末；黑色面堪称最具视觉震憾，制面用的是墨鱼的墨汁，所有颜色皆来自自然食材，而不是色素。这种天然健康为基础的面条，在盘式、颜色与味道上，有控制地组合好，就是一份美味艺术品。

一个国家或一个酒店，能有一个符号味道，就太了不起了。有了这个标志性的味道，这个美食艺术感就出来的，在这个大的感觉下，你怎样创新美食，都会有这个总的艺术味道标志。

在宁家浩所在的酒店厨房，我看到他能熟练地运用蕾丝勾线、吊线、手绘手法来装饰菜肴，特别精细美观，上下呼应，构成不同效果的装饰图案，传递了每款菜肴有个性、神秘、高雅、浪漫的气息。

宁家浩有一道加入海苔味道鲜美的海苔脆皮虾。他在脆皮粉中加入海苔粉，赋予菜品一种自然的鲜美味道，虾外酥里嫩，深受食客喜爱。这道菜味道鲜美，看上去像张大千那幅写意水果图。所有点缀和留白，都是用可食用的辅料完成的。他的另一道菜叫脆蜇头爆猪颈肉，将冰水涨发后的蜇头、猪

金汤映竹燕

颈肉结合，一个脆爽一个鲜嫩，形成两种口感。菜品在追求造型的同时，没有过分追求艺术感而失去菜品的本色，受到名师的赞美。

这是一个美丽易碎而又不断生出美丽的艺术世界，凡有努力与等待，就有启程与结果。

美食艺术需要一双发现的眼睛。宁家浩举例说，法国中部酒店老板斯蒂芬妮和卡罗琳姊妹，无意间将焦糖甜品苹果塞进酥皮中，制成了苹果挞。后来，这道甜美好看的菜进入巴黎马克西姆餐厅的菜单之中。蜜桃梅尔芭的配料是桃子、香草冰淇淋和山梅汁。1892年，女高音歌手内莉·梅尔芭演出时，歌声甜美动人，打动了泰晤士河名厨奥古斯特·埃斯科菲耶，他创作的一款甜品以梅尔芭的名字命名，一时间成为时尚。切达奶酪是英格兰最大的峡谷切达峡谷唯一的奶酪厂商的产品，采用未经高温消毒的牛奶使用传统方法制成，至今仍被称为纯正的“农家艺术品”。这些美食艺术风格的发现和挖掘，都是美食艺术的成功范例。

多赞美人是一个聪明人的意识，同时，一个赞美与肯定，有时候就能决定一个人一辈子的追求与命运。

2015年3月21日，由中国权威美食杂志《东方美食》发起举办的全国青年烹饪艺术家评比活动在北京隆重举行。宁家浩因为两道参评作品菜《竹燕窝》和《那家小院》，获得了“全国青年烹饪艺术家”称号。中国鲁菜泰斗王义均、世界中餐联合会主席董振祥（大董）、中国烹饪大师刘敬贤等国内顶级餐饮权威均为主要评委，评委们对这两道菜给出的评价是，“原生态基础上拥有美味享受和艺术观赏价值的好菜”，即宁家浩追求的那种“一幅好吃的画”的美食。

早在2012年，中国烹饪协会在鞍山举办的中国民间美食大赛上，国内权威烹饪大师评委对宁家浩的作品《那家小院》就给予赞赏，评为特别金奖。《那家小院》就是一幅大连水彩画，带福字的八个小缸曲折地摆放，小缸里是八种做好的小海鱼，有带鱼、银鳕鱼、小银鱼、大棒鱼、小黄花鱼、黄鱼、老板鱼、小乌鱼，酱汁、油炸、汽蒸、手撕等烹饪方法多种多样，小缸下铺的几行面食做的沙子，乍瞅一眼就是一幅海边沙滩上海鲜丰收的图画。

在《竹燕窝》烹饪创作中，宁家浩采用云南山里一种竹茸作食材，用其中的茸茸做成素燕窝，形象十分逼真，原生态植物鲜美的口味，银耳色泽发黄显脏而改用黑木耳，8次试验后终于得到师傅罗永纯的认可。这道菜出品时不仔细看就像一幅含蓄的水墨画，品尝后大自然原生态的鲜美口感立即把你醉到浑身舒爽。罗永纯曾到联合国总部做过中餐展示，可谓多年修炼一夜成名。对徒弟的这道菜，他是赞美有加。

“就这一个称号给我，我这一辈子对美食这幅画的追求已经别无选择了。”

听听，想哄一个人做好一件事，就不断去夸奖他、鼓励他吧。

窗外的大连海鲜

海滨城市的人骨子里都挺浪漫，喜欢吃海鲜的人大都有浪漫的情愫。对于大连人来说，大连海鲜远比南方海鲜高档得多，海鲜味道来得更加直接入骨，咸鲜的味道，进入你的口立即变成一种刻骨铭心的长久滋味。多年来喜欢大连海鲜的人越来越多，在全国各地开大连海鲜馆子的人不断增加。

近年有不少细心的人发现，大连海鲜馆子在外地逐渐有地位降低、市场缩小的趋势，品位较低的大连家常海鲜馆比较多，有人甚至自问大连海鲜怎么了？

由于国内外人士的喜爱，大连海鲜已经在几十年的城市发展中成为一个品牌。提到大连，人们就会想到令人垂涎欲滴的大连海鲜。当外国专家给予大连海鲜“世界海鲜营养价值最高纬度海域的水产品”的赞誉时，大连海鲜就注定了它的营养价值具有不可复制海域水产品的世界领先性。

改革开放后，大连酒店经理人和大连大厨们到外地闯荡事业的也多了起来。

刘克忠，生前是一个在北京、上海和成都餐饮行业漂泊了8年的大连人。1982年，他从酒店服务员做起，到2012年，一晃就是30年。30年的风雨磨砺把他打造成一名中国杰出酒店经理人、中国高级职业经理人、国家高级服务师和国家高级营养师。谈到外地人对大连海鲜的态度，他最有发言权。

他说，从20世纪80年代起，以大连海鲜为主打的各种形式的酒店就在北京、上海、天津、哈尔滨、长春、沈阳等全国十几个城市相继出现。那时最具代表性的双盛园海鲜在北京一开就是四五家店，天天渔港也成为外地人心中的大连海鲜品牌。发展到2006年，香港也出现了大连牙片鱼馆。当大家都知道其他海域无法相比的大连海鲜独特珍贵的营养价值后，有的饭店老板哪怕卖的是其他海域的海鲜也要挂上大连海鲜的牌子。以北京为例，一些外地商人看准了大连海鲜这块牌子，用大连以外其他海域的海鲜做起了“大连海鲜”，这些“大连海鲜”中不少是南方海鲜。

好美食永远四处飘香。

刘守军，大连人，自小喜欢烹饪，初入厨师行业即刻苦钻研，同时自己不断推陈出新，在继承古法烹调的基础上，精益求精，技艺日渐完善，曾在北京同行盛邀之下，赴京上任，根据自己的心得，创作出一系列精品佳肴，使不少同行纷纷登门拜访，食客交口称赞，各店效益屡创新高。他现在是南京君乐餐饮管理有限公司总经理、法国厨皇会会员和北京西餐行业协会会员。

大连籍名厨刘守军

刘守军在北京的大连海鲜餐饮市场做了几年，觉得做到有品位的大连海鲜还是很受北京人喜欢的。他说，东城区鼎香渔港大连海鲜酒店就是范例，开业时用的完全是大连厨师，大连最先进的海鲜时尚餐饮理念也迅速融合进去，大连豪华亮丽的海鲜盘式与出品赢得了大多北京人的认可。开业不足一年，生意好得让人羡慕。东城区建国门的金龙大厦海泉湾餐饮公司，也因经营鲍汁扣辽参、生拌活海参、烤大虾、葱油螺片、老醋蜇头、煎焗蛎子等正宗大连海鲜菜而生意兴隆。西城区金润大连海鲜的大连鱼鲜和面条炖黄鱼、崇文门特吉利大连海鲜的大连海鲜真味、丰台区志欣大连海鲜酒店的大连时尚海鲜等，生意都一直火爆。

这几年在北京做大连海参、鲍鱼和其他大连海鲜生意的老板生意一直红火，北京人对大连海鲜的热情度一直不减，客观上带动了大连海鲜品牌在北京的发展。对做大连海鲜餐饮生意的人来说，这是一个峰回路转的机会。只要不忘大连海鲜这个品牌，时刻想到做好她保护她，大连海鲜这个品牌就能做强做大。好东西，永远是更多的人想要的。

海鲜水饺做大品牌

好吃不如饺子。饺子好在一口下去有馅、有面、有汤、有味，正餐饱腹酌酒小吃均为好食，一碗饺子就能满足人的胃口。

饺子起源于北方，有1000多年的历史。公元196年，瘟疫流行，长沙太守张仲景辞了官职，决心为百姓治病。正值数九隆冬，他看到那些为生存而奔波的穷苦百姓中许多人耳朵都冻烂了，心里更加难受，决心专门舍药为穷人治冻伤。

他在家里南阳东关空地上搭起了医棚，盘上大锅，把羊肉、辣椒和祛寒的药材放在锅里，熬到一定火候时再把羊肉和药材捞出来切碎，用面皮包成耳朵样子的“娇耳”下锅煮

第一个在全国做高档海鲜水饺的大连麦花食品集团董事长曲玉珍

海鲜水饺

熟，分给治病的穷人，每人一大碗汤、两个“娇耳”，这药就叫“祛寒娇耳汤”。人们吃后，顿觉全身温暖，两耳发热。从冬至起，张仲景天天舍药，一直舍到大年三十。乡亲们的耳朵都被他治好了，欢欢喜喜地过了个好年。

以后每到冬至，人们就想起张大夫为乡亲治病的情景，也模仿着做“娇耳”，做起了食品。为了区别“娇耳汤”的药方，改称“饺耳”。因叫着别嘴，后来人们就叫它“饺子”了。天长日久，形成了习俗，每到冬至这天，家家都吃饺子。

大连人的饺子，传统上一直是韭菜猪肉馅、白菜猪肉馅、纯牛肉馅和韭菜鸡蛋虾仁馅，改革开放后馅料才多了起来，芹菜饺子、海螺饺子、大虾饺子、荠菜饺子、海菜饺子、香菇饺子、木耳饺子、羊肉饺子等几十种馅料饺子，让人大开眼界，也让做饺子产品的人思路活跃起来。大连麦花海鲜饺子就在这样的背景下，隆重地被推出来了。

大连有麦花、三叶、础明、棒棰岛、瑞安八珍等十几家重点食品企业，目前麦花规模最大。麦花已把海鲜饺子做成品牌，销往国内部分商超。麦花是大连当地人自己做的一个有半个世纪之久的国有老字号食品品牌，随着中国改制的步伐变成了股份制企业。董事长曲玉珍是个食品界能人，把麦花馒头做成了大连市民离不开的天然绿色香味馒头。口感香甜，特别筋道，这是大连市民对麦花馒头的评价。麦花馒头车间和面用的都是纯净水，手工揉制造型，不添加任何防腐剂和增白剂。又香又筋道的口感是因为使用了高档品质面粉。自从曲玉珍当了董事长后，从1996年开始连续16年，麦花月饼被国家评为中国名饼。

制作麦花海鲜水饺的起因，和大连海鲜近年备受国内食品业关注有关。一些北方城市对大连海参、鲍鱼、海螺、大虾爱得不得了，你做成什么他们就买什么。这个市场脉搏，被他们一下子号准了。

活海螺水饺选用的是上等无污染的活海螺，上午处理原料下午包。经人工去壳剔除后脑、螺黄后取肉，再用盐揉搓将黏液洗净后拌馅入料。手工制成后立即进入-40℃～-37℃速冻机速冻成型。活海螺水饺吃起来螺肉鲜味浓郁。

鲍鱼水饺是精选上等鲜活的极品大鲍，为保证新鲜度，需要安排专人亲自到海边采集，采集后用海水洗去表面的泥沙及污物，摘除内脏，改刀后入料拌馅，手工包制后立即速冻成型。鲍鱼水饺口感爽滑，鲜香四溢。

大海虾水饺是以精选上等大海虾为原料，每个新鲜大海虾个头必须是20厘米以上。当天采购后，进行手工扒皮，去虾头等杂物后，只取鲜嫩的虾肉入料拌馅。经手工包制后速冻成型。虾肉口感纯正，鲜香嫩滑。

每天凌晨，麦花食品的采购人员就会亲赴渔港，带回刚刚打捞上来的活鲍鱼、活海螺、大海虾、辽刺参、活扇贝等优质海鲜，回到工厂后，工人们在低温的车间里现场敲壳取肉，剔除螺脑、螺黄，大海虾剥皮剔线、去头尾，然后在最短的时间内用橄榄油小盆调馅，纯手工包制成型，再经过-40℃~-37℃低温速冻，最终形成制作精良的麦花海鲜水饺。麦花海鲜水饺要保持鲜味，坚决不能用冻品，这是麦花水饺的“核心机密”，如果是冷冻的成品海鲜，吃到嘴里鲜味立即大打折扣。原料中所用的大虾，必须从海边买回厂当天处理，为的就是原汁原浆。

麦花的饺子皮，全部采用手擀工艺；馅料也是麦花工人手工切制，橄榄油小盆和馅，这种传统、手工的制作工艺虽然烦琐，效率也比较低，每天制作的数量非常有限，但可以最大限度地保持其传统天然口味。也正是这样的制作工艺，才可以保证麦花的饺子不但味道鲜美，而且个个是咬在嘴里“一包汤”，让每位顾客都找到自己在家里吃海鲜饺子的味道。

流动的海鲜大宴

2011年7月，央视纪录片《舌尖上的中国》的编导杨晓清率摄制组在大连长海县獐子岛进行了为期4天的前期拍摄、采访，主要内容作为该纪录片最后一集《我们的田野》中的重头戏，而大连獐子岛海洋牧场则是那集的重点。央视使用高清设备和水下专业设备进行海洋牧场拍摄，这在2000平方公里的獐子岛海洋牧场还是第一次。纪录片中有这样的描述：

中国人说：靠山吃山、靠海吃海。这不仅是一种因地制宜的变通，更是顺应自然的中国式生存之道。从古到今，这个农耕民族精心使用着脚下的每一寸土地，获取食物的活动和非凡智慧，无处不在。

獐子岛，黄海北部一个不足15平方公里的岛屿，却因为海域里的物产富甲一方。碧波之下，生存着一个兴旺的群体。被中国人视为海中珍品的海参、鲍鱼、海胆等无脊椎动物恰好占据了其中的多数。纯净的水体和活跃的洋流造就了它们非凡的品质。

獐子岛在国内外“海鲜大鳄”中的影响力是央视这部纪录片的创作人员盯上她的主要原因，尤其那令人垂涎的海鲜大宴活动展示。

流动鲜活地展示品牌形象，会加速人们对她的喜欢。

2005年4月19日上午，大连富丽华大酒店，獐子岛渔业集团首创的“中国首届扇贝美食节”轰动了大连，当时的中央电视台《天天饮食》栏目主持人刘仪伟亲自掌勺，主理扇贝美食，迎来了众多好奇的“品贝客”，掀起一股强劲的喜贝品“鲜”热潮。喜贝不仅仅是开运造福的吉物，更是鲜美可口的海鲜珍品。

扇贝是大连市主要的养殖产品，在国内占有较大优势。长海县虾夷扇贝的产量占中国的90%以上，年产值10多亿元，已经成为带动地区经济发展的主要品种，以獐子岛渔业为代表的一些企业加工的扇贝系列产品，成为出口创汇的重要品种。

“喜贝”的原名叫“虾夷扇贝”。在南方，虾夷扇贝被称作“圆贝”，

獐子岛

寓意“团圆美满”，是中秋佳节家人团聚的必备佳肴；雌雄半壳贝搭配摆上婚宴餐桌，被称作“鸳鸯喜贝”。扇贝含有丰富的不饱和脂肪酸，俗称“血管清道夫”。

令人有些遗憾的是，许多大连市民那时候不太了解美味营养的虾夷扇贝，尽管虾夷扇贝大都生长在长海县，基本都用于出口。

2009年9月7日，北纬39°打造出的有“国宴海鲜”之称的獐子岛原产地原生态海珍产品入驻武汉，獐子岛首次与武汉餐饮酒店在货源供应上展开战略合作，重点开发活海鲜市场，海鲜当天早上采集，下午就可空运直抵武汉，端上餐桌。武汉也要刮起大连海鲜的鲜活品质风。此前，獐子岛在北京、上海、长沙等地已经设点直供海鲜，武汉是其直供的第5站。獐子岛还为武汉市民带来了6款獐子岛海参新吃法：凉拌海参、冰镇海参、酸汤海参、小米炖海参、黑米炖海参、炸酱海参。

2010年9月15日，上海市烹饪协会主办的“獐子岛喜贝美食节（上海）”活动正式拉开帷幕。在这项活动现场，喜欢清淡口味也好，热爱浓烈香味也罢，各道扇贝新菜式让上海人看花了眼。情人扇贝、XO酱炒扇贝、冬瓜扇贝……这一道道全新做法的扇贝菜式在活动各大协办酒店同时现身，等待大家前来品尝。喜贝海鲜文化，铆足了劲。

2010年12月20日，为倡导低碳环保，创新绿色美食，促进扇贝产业沟通发展，由广东烹饪协会主办，《名厨》杂志、名厨网承办，大连獐子岛渔业集团股份有限公司全程独家冠名的“獐子岛圆贝美食节”在广州龙苑酒家隆重举办。这也是继獐子岛圆贝荣获“全国首个碳标志认证食品”以来，第一次亮相羊城。

美食节现场，厨界名流云集，高手过招之间，尽显恢宏气势。来自广州、深圳两地的30位名厨有幸成了本次比赛的选手。参赛选手现场通过抽签分组，轮番烹饪扇贝创新菜式。最后经过激烈的角逐，来自广州矿泉大可以饭店的陈建志总厨以一道“金香酱烧獐子岛圆贝”创新菜品摘得大赛的冠军。此外的二十余道香气四溢、引人垂涎的海鲜美味，陆续被摆上自助餐台。参赛选手首次推出的“珠联璧合”“元宝满仓”“圣诞钻光”等喜宴类扇贝创新菜品，让与会嘉宾尽情享受了一场别出心裁的海珍味觉之旅，现场大厨回到各自酒店，将这些贴合喜宴、年节等实际需求的菜品加入酒店菜谱。

商凯军

早已上市的獐子岛渔业硕果累累，各地城市流动海鲜大宴活动的举办功不可没。獐子岛渔业集团董事长吴厚刚的观点是，流动海鲜大宴活动是一个鲜活的广告，使不了解大连海鲜的人加深印象，了解大连海鲜的鲜美度和营养度，从而爱上大连海鲜。

每年大连酒店与其他城市酒店举办的“大连海鲜美食节”活动，是另一种流动海鲜大宴的展示。商凯军，大连泰达美爵酒店行政总厨。他在把大连海鲜做到精致诱人的同时，与几个城市的酒店厨师长有着很好的合作往来。一年下来，在外地酒店与人合作举办的“大连海鲜美食节”不下八九次。有时是小海鲜美食节，有时是极品海鲜美食节，有时是大连鱼鲜美食节，有时是贝类海鲜美食节，横向纵向，由表及里，把大连海鲜展示得淋漓尽致。商凯军的十几道自创的大连海鲜菜，在外地一些酒店成为名副其实的原装大连海鲜菜。

“大连海鲜在全国响当当，靠实力、靠宣传、靠交流，光有实力没有宣传和交流，也难做好。”董长作大师伸出拇指，“长海县给大连海鲜长了脸，獐子岛就是大连海鲜活广告，外地搞的‘大连海鲜美食节’是另一种活动广告。”

“你可以当策划大师了。”我开起玩笑。

“不过现在的大连海鲜变化太大了。”

“变得是好是坏？”我疑惑起来。

大连味在融合

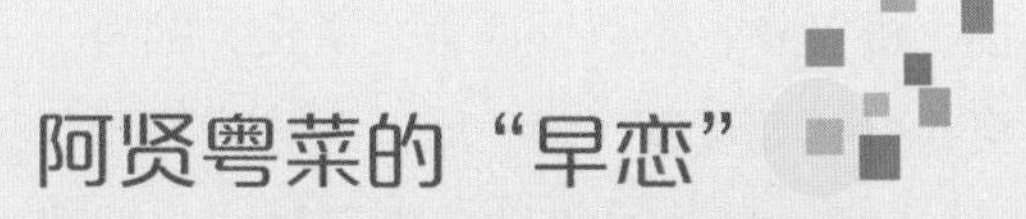

阿贤粤菜的“早恋”

融合美食，亦称“无国界料理”，当2006年巴黎、纽约、伦敦和悉尼刮起的这股时髦饮食旋风飞向世界各地时，意味着全球融合美食时代开始了。中国的上海和北京，是最早卷入融合菜旋风中的两个城市。

我认为中国的“迷踪菜”也是融合美食，比西欧人要早很多年。“迷踪菜”相传起于清嘉庆年间。清嘉庆末年，战乱四起，嘉庆皇帝愁容满面，长吁短叹，茶饭不思。当时有一祖籍河南的御厨，突发奇想：既然各大菜系均不如龙意，我不如采众家之长，融入一炉，取菜之原汁、原味、浓香、醇厚之特点，做几个菜肴作为代表献于皇上。菜做好献于皇上，嘉庆皇帝吃后赞不绝口，龙颜大悦。当皇帝知道此菜无名后，御赐“迷踪菜”以表赞赏。此后，“迷踪菜”声名大噪，一直流传到清朝末年。八国联军攻陷北京后，该御厨归隐民间。至20世纪90年代，北京及南方一些城市“迷踪菜”再度兴起，杭州烹饪大师胡宗英提出现代“迷踪菜”餐饮理念，杭州一些“迷踪菜”馆将其做得风生水起。

鲁、粤、川、苏是中国最早的四大菜系，传统上鲁菜代表官府菜，粤菜代表商务菜，川菜代表百姓菜，苏菜代表文人菜。而在中国广袤富饶的南方大地，最重要的菜莫过于粤菜了。粤菜发源于岭南，以广州、潮州、东江

三种地方菜为主，在国内外享有盛誉。粤菜集南海、番禺、东莞、顺德、中山等地方风味的特色，兼京、苏、扬、杭等外省菜以及西菜之所长，融为一体，自成一家，味道讲究清、鲜、爽，口感偏重滑、嫩、脆，调味遍及酸、甜、苦、辣、咸、鲜，类型有香、酥、脆、肥、浓之别。粤菜夏秋力求清淡，冬春偏重浓醇，尤其擅长小炒，以烹制海鲜见长，汤菜最具特色，刀工精巧，口味清纯，注意保持主料原有的鲜味，有独特的乡土风味。北方菜和南方菜相比，有时略显粗糙。对和南方同样生活逐渐富裕了的中国北方来说，追寻精致的粤菜兴趣就自然多了起来。于是，20世纪80年代末期，大连街头开始出现粤菜馆。

1992年6月18日，在大连商检大厦身后的中山区兴和街5号，出现了大连第一家粤菜馆——阿贤粤菜。大连人刘远贵在大连餐饮史上首次请来了广东厨师，白灼虾、鸳鸯膏蟹、卤水拼盘、生菜龙虾、潮州牛肉丸、砂锅粥、薄皮鲜虾饺、叉烧包、蟹黄包、糯米鸡、盐焗鸡、葱姜炒蟹、香芋扣肉、烤乳猪等一批粤菜，让大连人开了眼界。广东人把当地的龙虾、膏蟹、卤水、红花蟹等食材空运到大连，当晚就上了餐桌。吃腻了鲁菜的大连人感觉到粤菜那个新鲜哪，三五成群地往这家粤菜馆钻，生怕没了位置。

粤菜在大连初来乍到，买卖挺火，让另一位大连人李永夫看在眼里。他想，自己何不也开一个粤菜馆？于是在1992年夏天，他选中了更具人气的七一街市公安局中山分局旁边的热闹处，开起了阿福粤菜。

这个李永夫后来很了不起，他和当年锐气很足的于东升、曲涛合作开了一家大连著名的中餐馆——太阳城，“新的生活，每天从太阳城开始”的广告语广为人知。大连第一家宵夜——太阳城宵夜，是他们三人谋划的，做得非常成功。大连第一家JJ迪斯高、第一个海鲜餐饮超市酒店——新东方大酒店（现渔人码头），都是他一手策划做出来的，当年在大连影响很大。

当时两家粤菜馆大有你追我赶的竞争气氛，把大连粤菜风潮掀了起来。

大连海鲜与粤菜的融合，是从阿贤粤菜和阿福粤菜开始的。那时的大连，常用蒜蓉、煲汤、清蒸、小炒来做粤菜。大连人无论遇上什么好吃的菜，满足了一阵后还是离不开自己家乡的海鲜。老板希望广东厨师拿出办法，把大连海鲜融入菜肴中去。广东厨师绞尽脑汁，试着用粤菜烹饪方法做起大连海鲜来。南方人喜欢用酱油加姜丝、葱丝清蒸，用这种方法做出来的清蒸鲍鱼、清蒸黄鱼、清蒸黑鱼、清蒸时蔬、清蒸蛏子、清蒸海螺等粤式清蒸大连海鲜，就这样流行起来了。南方的白灼虾很有名，一般是白灼当地的小河虾。广东厨师把大连的海虾和基围虾进行白灼，配上掐菜，蘸着白醋、油吃，口感很是清爽。蒜蓉虾夷贝和蒜蓉大海虾，也是那个时候在大连冒出来的，阿贤粤菜和阿福粤菜厨师用粤菜的蒜蓉烹饪方法，在大连海虾和扇贝上做试验，品尝后口感很妙。小炒是粤菜的常见烹制法，用小炒来烹制大连小海鲜，效果出奇地好。大连的海参和甲鱼，运用了粤菜的煲汤方法后，滋味鲜浓，大补养生的感觉挺好。有人说，大连这两家粤菜馆是融合了大连海

林波作品——鲜鲍拜龙虾

鲜才越做生意越好。更多的人认为，这是历史上大连粤菜与大连海鲜的一次“早恋”，注定了大连海鲜从此进入了融合时代。

阿贤粤菜与阿福粤菜的出现，也给大连本地大厨们带来了大连海鲜食材改良的思考。大连街头目前流行的一道葱油螺片，就是新海味大厨兼老板林波1992年创作的。那一年，“鲜鲍拜龙虾”这道菜让他手捧首届世界中国烹饪大赛金奖刚刚回到大连，电视台请他在节目中做一道物美价廉、操作方便、时尚风味的地方菜，他便做了这道“葱油螺片”，在电视上播出后被多家酒店效仿。他就是受了大连两家粤菜小炒的启发，加了粤菜常用的葱丝和姜丝做出来的。他说，他还把粤菜的白灼虾做了新的改造，把掐菜蒸熟铺底，上铺白灼海虾，撒上葱丝和姜丝，浇上海鲜汁，口味比较清新。

从阿贤粤菜与阿福粤菜开始，大连海鲜老菜与各种菜系悄无声息地调和起来。

刘远贵的阿贤粤菜做了5年后，1996年又到普兰店市拓展自己的餐饮生意。在那里，他关闭了阿贤粤菜后开了一家香港娱乐城。2008年又回到大连，在体育场东侧重新开起了阿贤粤菜。2011年体育场动迁被拆，他的阿贤粤菜也再度歇息。

阿福粤菜做了5年后，李永夫转投到正在筹建打造的JJ迪斯高娱乐城上去了。那家店连续火了好几年，是年轻人最喜欢的放松夜场去处。

五星级酒店在干什么？

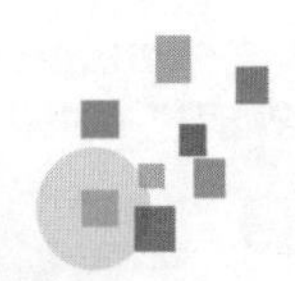

我一直相信，一个城市的五星级酒店越多，文明的程度相对越高。

1988年8月28日，注定是大连酒店业一个吉祥如意的日子。东北第一家五星级酒店在大连繁华的人民路中段诞生了，“富丽华大酒店”这个名字，从此印在了几代大连人的脑海之中。就是这个名字，给大连人带来了真正的文明生活，这种带来，是静悄悄的，细雨润无声的。一位经常随地吐痰的大连普兰店暴发户在富丽华大酒店住了一夜后，给酒店写来了一封长信。他在信中说，当他看到富丽华的服务员不声不响地弯腰将他在酒店大堂随地吐的痰用餐巾纸擦净拾起朝他微笑的时候，他人生第一次感到了羞愧万分。回到家后，他坚决改掉了随地吐痰的习惯，连他自己都感到吃惊。

之后的陆续十几年里，香格里拉大饭店、大连日航饭店、瑞诗酒店、凯宾斯基饭店、新世界酒店、洲际国际酒店、百年汇豪生酒店、万达希尔顿酒店、万达康莱德酒店等高级酒店一家家雨后春笋一样拔地而起。与南方相比，大连的五星级酒店数量并不起眼。但在东北三省，大连这样一个如今有着十几家五星级酒店的海滨城市，还是十分显眼的，更何况，2012年建成的万达康莱德酒店与海南康莱德酒店，是当时中国的两家顶级酒店。

吴立新是大连五星级酒店管理者的典型代表

五星级酒店餐饮一般都十分豪华，规模庞大，人员众多，厨艺出色，最适合举办各种美食节，是国内外美食交流最好的平台。正是这种多元化的餐饮交流，城市菜谱变得越发琳琅满目、丰满多彩起来。

吴立新，在大连富丽华大酒店有着23年五星级酒店餐饮管理经历的酒店高级经理人。眼下，他是大连日航饭店董事长。在富丽华大酒店做餐饮总监时，他就主张多举办美食节，把大连海鲜推广到国内外各地风味的美食节，是他一贯强调的理念。他还提出，让外地厨师来大连办美食节时，也来烹制大连海鲜。

五星级酒店的自助餐展台，是一桌世界菜系大融合的宴席。这桌宴席是旋转的、流动的、不断添加取舍的：忽而大连海鲜被做成了马来味道，海鲜大菜是香辣的娘惹酱做出来的，鲜味中带着香辣的味觉，用加入罗望子、月桂叶和香芋等原材料的马来咖喱来烹调大连海鲜，那就是一口串了味儿的酱香甜辣的另类海鲜；忽而大连海鲜部分鱼类和贝类海鲜变成了日本料理，黄鱼、黑鱼、牙片鱼、海螺片、活蚆蛸、虾夷贝都可以蘸着辣根生吃，就像进了日本料理店；忽而大连海鲜中冒出了川味海鲜，用大连海鲜做出的麻辣虾蟹色泽鲜亮，皮酥肉嫩，麻辣鲜香，营养丰富。端来几只麻辣海虾，细嫩

富丽华大酒店

香滑的肉质与特有的辣椒共拼，色泽诱人，留得满嘴清香。川式吃法剁椒扇贝、干煸冬蟹、椒盐基围虾等等，川厨们一改海鲜清蒸、白灼等比较寡淡的做法，将川式烹法巧妙运用其中，可以烹出川菜24例味型中的任意一种，而干烧海鲜则给大连海鲜食客留下了麻辣鲜香的回味……曾经一直在五星级酒店负责餐饮的吴立新，这些年来做了法国、美国、印度尼西亚、马来西亚、日本、泰国等十几个国家和台湾、香港、澳门、四川、云南、上海等几十个中国省市至少150次主题美食节。每次举办的美食节，回头率高的海鲜新吃法统统被留在了酒店的菜单里。

2007年融合美食之风刮到了沿海城市大连，特别是在五星级酒店，整个五星餐饮形成了“采多家之长”的风气。其中，国内厨师还从自己的经验和技术出发，增添了很多有中国特色的融合菜，你也说不清是什么流派和防大学风格。

吴立新告诉我，“融合”从某种意义上就是“混搭”，对中餐厨师来说，融合菜更重要的就是让厨师来学习“中菜西做，他为我用”，不断从国内外的烹饪中发掘新原料、新调料、新厨艺，创造出属于自己独特的菜肴烹饪方式，同时遵循“中餐为主，西餐为辅”的原则。其实，中国厨师对“融合菜”不该陌生，每个成熟的菜系中都能看到融合的影子，比如北京菜既来源于鲁菜和东北菜，又形成了独特的“京菜”派系。台湾菜也是融合菜的成果，它的烹饪手法整合了闽菜和粤菜之长。

北京、上海、广州是中国的大城市，外国人多，有海外生活经历的中国人也多，他们是融合菜的主要消费人群，但是，发展到今天的融合菜因为抛弃了中餐油腻、多盐等缺陷，吸纳了西餐营养丰富、形色美观等优点，所以已经迎合了现代人的生活观念。

曾有一份调查显示：在北京有80%的外企员工喜欢融合口味；在上海62.5%的白领吃过融合菜；广州则有35%的公司职员每个月都要尝试一道融合菜肴，吃融合菜已成为城市的风向标。人们喜欢有明显的道理：融合菜口感新颖，味道独特，摆盘和装饰漂亮，每款菜肴都有一种新鲜的感觉，值得期待。

西餐时代

西餐是最标准的融合菜，相信我这个说法没有人能反驳。

西餐这个词是由它特定的地理位置特点所决定的。我们通常所说的西餐不仅包括西欧国家的饮食菜肴，同时还包括东欧、美洲、大洋洲、中亚、南亚次大陆以及非洲等地的饮食。西餐大致可分为欧美式和俄式两大菜系。欧美菜系主要包括英、法、美、意菜以及少量的西班牙、葡萄牙、荷兰等地方菜。有人把古希腊烹饪归于西餐之源不无道理，古希腊的主要食物和烹调方法直接长期地影响着西方许多国家的饮食烹饪习惯，《荷马史诗》就有过详细的描写。从一些出土文物的分析线索来看，希腊人的饮食状况、食物食材、烹调技术、正餐与宴会的布置，和今天西欧国家饮食宴会的习惯非常相似。西餐一般以刀叉为餐具，以面包为主食，多以长形为台形。西餐的特点，就是不断与各国食材、厨艺的融合。

提到融合菜我们就必然要先来认识一下西餐的食材，使用新食材实为融合的第一步。西餐最具有代表性的算法餐了，而法餐中最著名的食材当属鹅肝、蜗牛、生蚝等高档食材。挪威三文鱼、新西兰羊小排、阿拉斯加鳕鱼、澳洲牛排等也都是享誉全球的高档食材。随着全球贸易、物流的便捷，这些食材也源源不断地被引到中国，配送到每个重要城市。在中国各大中城市，现在可以很方便地采购到各种世界知名食材。引进需要的各国食材，就成为融合菜的第一步。

有了好的食材还要有出色的佐料才能达到形神兼备。与中餐不同，西餐常常加各种香草、奶酪和红酒入菜。融合菜可以大胆地借鉴西式佐料，比如用红酒代替绍酒烹制肉食，虽然只是简单的变化，但会丰富菜品的颜色和口感，使整个菜肴品尝起来大变模样，新奇生动。西餐中的各种香料也是用途广泛，比如迷迭香、百里香、罗勒、鼠尾草、他力根等，而且现在都有现成的干香料供厨师大显身手。所以添加一些新的西式佐料，也是体现融合带来口味变化的重要技巧之一。

广州的太平馆是中国第一家西餐馆，开设于1885年，它的出现标志着西餐正式登陆中国。1897年，上海最古老的西餐厅——德大西餐社在当时已经很有名了。北京的起士林是中国第一家极有影响的西餐厅，于1901年开业，到现在已经有100多年的历史了。西餐在中国从最早的“住宅菜”、“洋人饭店中的西餐厅”、中国商人经营的“番菜馆（20世纪初期）”，已发展成今天社会上众多的“西餐馆”、各大涉外宾馆、饭店的“西餐厅”。

20世纪50年代初，大连天津街百货公司三楼出现了西餐厅，主营俄式西餐，服务员和厨师大半都是旅顺口过来的，因为苏联红军当时就驻扎在旅顺口，他们习惯了吃俄餐，就把俄餐带到了旅顺的苏军军营，在那里调教出了一些俄餐厨师和西餐服务员。

“文革”前后，在天津街老文物店旁当时的交通旅社，开了一家红旗饭店，里面也做过西餐，不是很正宗，时间不长就夭折了。

20世纪80年代末，在民主广场电车站旁的一栋小楼里，又出现了一家有俄罗斯女服务员的俄罗斯餐厅，做的还是俄餐。过了五六年，这家餐厅也销声匿迹了。

2005年9月16日，在大连市中山区公安分局旁边，开业了一家西餐馆——红馆西餐。业主马绍德这个名字你可能不太熟悉，但提起哈尔滨市波特曼西餐厅，你就不会陌生了。马绍德正是波特曼西餐厅的股东之一。看到大连浪漫时尚的城市环境资源，他将资金转投到大连，花了500多万元，设计装修了大连当时最为豪华时尚最具规模的四层楼红馆西餐，主要经营俄式大餐和法式大餐。据当时的店面经理邢红云回忆，那时市内不少有身份的人经常来到这里宴请聚会，吃西餐的派头和动作都是标准的。当时的罐焖牛肉、罐焖虾等俄式菜和鹅肝、蜗牛、牛排等法式菜，相当馋人。而大部分讲究面子的大连人，因当时不懂西餐吃法，怕丢面子，迟迟疑疑不敢走进来。因为这种文化差异，马绍德又不想随波逐流把西餐做烂，只好在成本很高利润很低的背景下，不得不于2007年1月17日关门歇业。改革开放以来大连经营的最正宗时尚最具有规模和品位的西餐厅，就这样消失了。邢红云每次想到这件事，就会一声叹息，太可惜了，搁在现在一定会生意很好，现在的大连人西餐意识已经很棒了。

对大连西餐有影响的人物尚远新

在开发区有一家基辅餐厅，这个店是十多年的老店了，在北京和三亚都有分店，里面的墙上全是俄罗斯将领的老照片和各种勋章军服的点缀，西餐主打当然是俄菜为主的西餐大菜。

大连人真正接受欧美西餐，是从富丽华大酒店开始的。大连当下的西餐代表人物叫尚远新，是富丽华大酒店西餐总厨。1986年6月，富丽华大酒店还没有开业时，他就来到这里的西餐厅，直到今天也没有挪动地方。在大连西餐界，人们总会把大连西餐和尚远新的名字联系在一起。国家西餐行业重视尚远新，是认为他把大连海鲜恰到好处地与西餐融为一体，做出了在全国都叫好的大连海鲜食材西餐。

大连绝佳的海鲜食材，成就了富丽华大酒店的西餐知名度。随着尚远新的大连海鲜西餐菜品在国内频频获得大奖，富丽华西餐厅的生意也越来越好。在连续几届的中国西餐文化节上，他的菜品“海胆大虾黑鱼子酱沙拉”“芝士焗鲍鱼”“番茄海鲜酱缠丝大海虾”“黑松露风干火腿银鳕鱼”等西餐大菜，都获得了中国西餐金奖。他善于用海藻类汁、柠檬汁、菌类汁、时蔬汁、红白葡萄酒和香草等来烹制西餐，十分迎合现代人健康养生的追求。

中国西餐权威、北京贵宾楼西餐总厨韩少利老先生对尚远新曾这样评价：尚远新是把中国海鲜好食材——大连海鲜融入西餐目前效果最好的一位，他的这些获奖菜在之前的中国西餐界，都是没有出现过的，说他是大连海鲜中国西餐第一人，实不为过。

2011年秋天，曾经获得过法国厨皇蓝带勋章的尚远新当选了中国餐饮行业西餐专业委员会副秘书长，是全国西餐业7位副秘书长之一，他还当选了国家一级西餐评委和裁判员、国际烹饪艺术大师和辽宁省餐饮行业协会西餐专业委员会主任。同年年底，大连西餐专业委员会成立，尚远新任会长。

1987年就来到富丽华大酒店、后来成为西餐厨师长的唐胜斌的西餐创新菜也很有特点，在全市西餐创新方面算是出类拔萃的一个。多年在炉头上挥勺舞蹈的他，西餐创新是他多年的追求。他的“香草煎虾”等菜品都获过全国西餐大赛金奖，尚远新认为他是把西餐创新做得比较超前的大连西餐人。

大连西餐专业委员会的几位副会长，也是清一色的中青年实力派：富丽华大酒店西餐厨师长唐胜斌精美创新西餐和他指导下的面包“发棒”在大连屈指可数，香格里拉大饭店西餐总厨唐瑛德功力扎实，海昌集团餐饮总监金军是掌控西餐大席面的高手，百年汇豪生西餐总厨张楠的时尚西餐绝对一流，秘书长宋涛是中国烘焙领域的权威人物，副秘书长泰达美爵酒店西餐总厨周魁把西餐厅生意做得比较兴旺，副秘书长大连日航饭店西餐总厨于海刚做精准消费西餐十分在行……随着大连这座海滨城市更加浪漫和时尚化，大连西餐正在风尚迷人的融合中走向成熟。

红酒来了

世界上所有浪漫的城市都离不开红酒，大连近年来也在这方面开始觉醒。

大连这座城市和欧洲一些海滨城市十分相像：港口贸易繁荣昌盛，大海把世界各地的时尚信息、美味物品带了进来，包括文化艺术，足够你来风风火火或是慢条斯理地消化。她和波尔多、马赛、勒阿弗尔这些法国的港口城市，有着异曲同工之妙。

田明珠与合伙人新西兰人安珠先生

法国有一座美丽丰饶的港口城市波尔多，中世纪古堡的尖角自城内密林中探出，长年在和煦暖暖的阳光眷恋下，不停地散发出幽深而浪漫的伯爵气质。雨果说：“这是一座奇特的城市，原始的，也许还是独特的。”这里有最适宜葡萄生长的气候，绕着世界著名的多情的水域，有闻名世界的五大葡萄酒庄。如果你有机会摇上一只小船，慢慢随着加伦河水流动的走向，就会缓缓深入这片世界美酒之乡的怀抱，去感受醇正的酒香在空气中酝酿的情调。多年以后可能没有人会想到，浸润在这座城市的红酒，会随着文化的交流而来到世界另一端的一个幽深而浪漫的港口城市——中国大连。

大连西南路有一家私人会所，叫鸿宾楼，2008年发生过这样一件事：会所推出的99999元的除夕大餐，不但被人买单吃掉，还卖出了一瓶据说是1982年的法国拉菲红酒。那瓶红酒，就近7万元人民币。

无独有偶，2010年夏天，《大连晚报》也爆出一条消息：两位男士在星海湾一家豪华海鲜酒店花了11万余元钱吃了一顿午餐，其中就有一瓶近8万元的拉菲红酒。

2012年7月12日晚上，在亚洲最大的休闲广场、流光溢彩的星海湾，中国历史上第一个国家级红酒节——首届中国大连国际葡萄酒美食节隆重启幕，大连市领导与中外嘉宾和市民游客举杯相庆，在清爽的海风中迎来又一个城市节日。首届红酒节汇集了来自世界各地的240余家酒商、50余家美食展商参加，来参加红酒展示与合作的法国波尔多地区红酒庄园占了酒商的近三分之一。主题为“品世界美酒，尝大连海鲜，游滨城美景”的活动，在5

天时间里陆续举办了“大连主题推广日”“法国文化推广日”“红酒行业开放日”“中外葡萄酒学术交流”“世界名酒拍卖会”等20余项专业经贸及大众参与活动。

时任大连市长说，大连有世界上最好的海鲜，但原味海鲜中少许的腥味会影响整体鲜味的口感，搭配葡萄酒就起到了决定性的作用。好的配酒策略，不仅可以将原味海鲜的鲜全部激发出来，还能很好地融合海鲜中其他矿物质的特殊味道。大连拥有发展葡萄酒产业、建设世界葡萄酒贸易集散地的天然优势。得天独厚的气候和自然环境、现代化的港口集群、高效便捷的商品进出口服务体系，为世界葡萄酒贸易提供了最为优越的条件。目前，大连的“国际红酒产业园”“红酒小镇”“红酒博物馆”等项目已经全面启动，国际红酒商品交易所也即将在保税港区设立，大连的红酒事业已经彰显出勃勃生机，未来发展前景将更加广阔。

在2012年3月29日的北京人民大会堂，由大连海昌集团牵头发起的首届中国大连国际葡萄酒美食节的新闻发布会现场，我问法国波尔多工商会主席高盖：“怎样评价即将举办的大连红酒节？”高盖说，大连这座不冻港口城市和法国波尔多有不少相似之处，城市到处充满了浪漫时尚气息，红酒一定会满城溢香，对波尔多与大连的合作前景，他信心满满。

我们知道，葡萄酒有新世界酒和旧世界酒之分，旧世界酒主要指意大利、法国、德国、英国等老牌子干红干白，而新世界酒则指新西兰、南非、中国等近些年来生产葡萄酒的国家的葡萄酒。随着红酒时尚诱惑的加剧，新世界葡萄酒在我国近几年也迅速流行起来。在大连，新世界酒来得比较晚，只有几个世界酒庄的牌子，时下人们印象比较深刻的就是古柏士川红酒坊。

COOPERS CREEK有很多葡萄园。赤霞珠葡萄和梅洛葡萄种在华派，霞多丽葡萄种在霍克斯湾，长相思葡萄种在马尔堡等。COOPERS CREEK葡萄酒是新西兰酿酒业品牌的新成员，1980年由安德鲁和辛提亚·亨德里建立。他们的目标是制新西兰最佳款型葡萄酒，现在这种新的更无甜味的款型已开始流行。

大连新西兰古柏士川红酒坊坐落于大连市中山区育才街55号，2011年9月5日，在大连设立中国东北区总代理，主要代理新西兰古柏士川酒庄的葡萄酒。这家红酒坊东北区总代理田明珠介绍，古柏士川系列葡萄酒曾几十次荣获国际大奖，2010年长相思被香港国泰航空公司选作为航空指定用酒。目前，大连许多时尚年轻人都是古柏士川的忠实粉丝。

女人迷上了面包西点

贾宝玉说，女人是水做的。我发现，女人的灵感来自烘焙散发出来的面香。也怪了，女人一旦爱上了烘焙，就不像一般的家庭主妇了，仿佛一夜间都成了糕点大师董小宛和肖美人。

大连自制美食成为流行，女士尤显风行自如，算是一道风景，没有辜负浪漫大连的美名。

2011年，大连暂时赋闲在家的任允兰女士，利用休闲时间在家做起了烤面包。自从买了烤面包机后，几乎每天都不闲着，面包烤得越来越专业，看着像一些艺术品。几位好朋友羡慕赞美她的制作技艺，她大方地把自己的“艺术品”送给大家品赏。看着家人与朋友喜欢得合不拢嘴的样子，她心里高兴极了，把一些烦恼事也淡忘了。

无心插柳，她的烤面包质量越来越好。大连市国家级专业评委和烘焙大师尚远新在欣赏并品尝后，认为她的面包作品再完善一下，完全可以跟专业烘焙厨师的媲美。找她做烤面包和蛋糕的人也逐渐增多。因为她做的食品没有任何添加剂、防腐剂、甜味剂和色素，完全是面的纯香味道。

喜欢上家庭自制美食，对任允兰女士来说也有几分无奈。一开始她也喜欢到商场超市买方便现成的食品，省时省力。可是后来她发现，市场有一些食品让人有些不放心，在网上她看了多个曝光食品安全的帖子，有的食品加了超量添加剂、色素、

像任允兰这样喜欢烘焙的大连女士非常多

甜味剂甚至有害成分。为了家人的健康，她决定自己能做的，就尽可能自己做，将自制烘焙美食进行到底。大连相当一批喜欢家庭自制美食的主妇，或多或少都有她这种感受。

2012年7月24日，她饶有兴致地参加了《大连晚报》、大连市旅游协会和华润雪花啤酒（大连）有限公司举办的大连“18大菜王”评比活动。她做梦没有想到，参赛的蛋糕作品“蓝莓芝士慕斯蛋糕”竟然获得了“大连蛋糕王”金奖。如今，她在烘焙厨艺上学得更加疯狂了。

在烘焙界，大连真的有中国高手，大连良运大酒店西餐总厨宋涛，是中国顶级烘焙大师曹继桐的弟子，也是中国餐饮行业协会西餐专业委员会委员、国家级评委和中国烘焙俱乐部主办的权威杂志《焙棒》的副主编，还是劳动部中国烘焙教材修改大纲四人专家组组长。他的弟子早在2006年，就拿到了中国蛋糕金奖。每年都会有一批批四面八方的人来到良运大酒店，找他要学烘焙，他常常应接不暇。

宋涛对烘焙历史自然了如指掌。他说，现代烘焙食品工业的奠基人是古代埃及人。古代埃及人最早发现并采用了发酵的方法来制作烘焙食品——面包，当时古代埃及人已知道用谷物制作各种食品，例如将捣碎的小麦粉掺水和马铃薯及盐拌在一起调制成面团，然后放在土窑内烘烤，剩余下来的面团自然地利用了空气中的野生酵母发酵，人们用这些剩余的发酵面团制作食品时惊奇地发现，松软而有弹性的面包诞生了。埃及人利用炉内余热烤熟的面包风味纯正，香气浓郁，这种工艺也一直流传至今。

烘焙食品后来传到了希腊。希腊人将烤炉改为圆拱式，上部的空气孔筑得更小而内部容积则增大，使炉内保温性更好。他们在制品中加入了牛奶、奶油、奶酪和蜂蜜，改善了制品的品质和风味。后来，这个技术又传到了罗马，罗马人又将烤炉筑得更大，面包在进炉前需要用木板伸入炉内，将其直接放在隔层上烘烤，待烤熟后再用木板取出，用这种工艺烤出的面包味道更香。

19世纪初，烘焙技术传到了中国。最初制品品种简单，产量低，生产周期长。改革开放前，面包的生产都还很不普及，只集中在大中城市生产，农村、乡镇几乎没有烘焙制品的生产。改革开放后，中国烘焙行业发生了突飞猛进的变化，全国城乡各地制品的品种繁多花色各异，产品质量不断提

大连烘焙权威宋涛

高，生产设备日益更新，新的原材料也层出不穷，烤面包的数量也大量地增加了。

大连烘焙，是在改革开放后的几家五星级酒店里开始出现的。现在，大连大小面包房有400家左右，产品有生日蛋糕、面包、西点、中点、月饼、冰品等，好利来、思味特、爱纶等连锁企业占据了大连烘焙市场的主导地位。而富丽华大酒店、香格里拉大饭店、良运大酒店、85℃、精点味道、面包新语、米洛克等抢占了大连烘焙的高端市场。尽管如此，烘焙市场的营销定位、技术支持和人才缺失就目前还是存在一定的问题。

他认为，女人迷上面包西点是社会物质生活飞跃使然。生活富裕了，有了休闲的时光，女人爱上烘焙再自然不过。

“我们可以把大连女人爱上面包西点称为任允兰现象。”我想起了董长作大师曾把国人喜欢大连海鲜称作“大连海鲜现象”。

“这是一个好现象，大连女人如果都是烘焙高手，那不也像顺德厨娘一样成了大连又一个城市美食品牌形象了吗？”宋涛笑得有点眉飞色舞。

蟹子楼有多少蟹子?

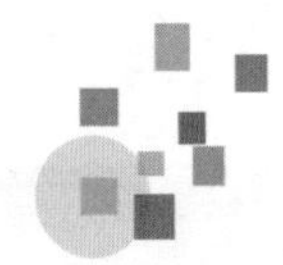

郑板桥任潍县知县时，曾拒绝出城迎接一位“捐班出身，光买官的钱就足够抬一轿子，肚里却没有一点真才实学”的知府大人。知府气得想羞辱他，指着一盘河蟹说：“此物横行江河，目中无人，久闻郑大人才气过人，何不以此物为题，吟诗一首，以助酒兴？”

郑板桥已知其意，略一思忖，吟道：

八爪横行四野惊，双螯舞动威风凌。

孰知腹内空无物，蘸取姜醋伴酒吟。

知府十分尴尬。

中国人对螃蟹美食甚为钟爱，认为它是营养丰富、肉嫩味美的席上佳肴。文人雅士、墨客骚人更是偏爱有加。古书云：“以其横行，则曰螃蟹；以其行声，则曰郭索；以其外骨，则曰介士；以其内空，则曰无肠。”寥寥数语，便把螃蟹的特性、形状以及别称都尽写出来了。苏轼有云：“不到庐山辜负目，不食螃蟹辜负腹。”把螃蟹与庐山相提并论，足见他对螃蟹爱之深切。

人们常用“第一个吃螃蟹的人”来赞扬一个人敢为天下先的勇气和创造力。据说三皇五帝时，一位叫巴解的勇士被大禹派到江南督查治水，面对沟壑内一堆从未见过且丑陋可怕的“夹人虫”，他果断指挥用热水将其烫死，居然闻到鲜美味道。他干脆大胆品尝，开辟了中国人的食蟹历史，成为世界上第一个吃螃蟹的人。

真正关于“天下第一个吃螃蟹”的史书最早明确记载，只有东汉郭宪撰的《汉武洞冥记》，简称《洞冥记》。其卷三有：“善苑国尝贡一蟹，长九尺，有百足四螯，因名百足蟹。煮其壳胜于黄胶，亦谓之螯胶，胜凤喙之胶也。”善苑国是西域诸国之一，据《太平御览》引用的《岭南异物志》云：“尝有行海得州渚，林木甚茂，乃维舟登崖，系于水旁，半炊而林没于水，其缆忽断，乃得去，详视之，大蟹也。”由此可知，中国人第一次吃的螃蟹，可能是海蟹，而百足蟹也许是海蟹的文学形象。

我国西周时就有关于人们吃蟹酱的记载，世界上第一部关于蟹子的书

《蟹志》写于唐代，这表明中国人普遍食蟹的历史至少也有上千年了。

橙红色的卵块，白璧似的脂膏，软玉般的蟹肉，古往今来多少文人骚客为螃蟹的美味吟诗作赋，是有道理的。大连的海蟹种类繁多，最为常见的有飞蟹、赤甲红、花盖蟹等。大连人对蟹子的吃法，多以原汁原味为主。把买来的活蟹洗净，盐水煮或蒸锅蒸，蘸着酱汁，就是一顿鲜透了骨髓的美味蟹子大餐，那滋味就如陆游食蟹之后的感慨："蟹肥暂劈馋涎堕，酒绿初倾老眼明。"再后来，就是把这肥蟹挥刀劈斩剁成块，蘸上淀粉下油锅清炸，再用葱姜丝爆锅快火翻炒，就是一盘大连十分流行的海鲜大菜——姜葱炒蟹。而最早用这种粤菜烹饪方法做大连海蟹的饭店，就是蟹子楼。

蟹子楼是大连市第一家主题海鲜餐厅。

在大连，人们想要品尝螃蟹的美味，首先想起的就是蟹子楼。走进店里，在一连串的"大连十大海鲜名店""大连菜名店""大连百姓最喜爱的饭店"等金光闪闪的牌匾下，那些大大小小的螃蟹让很多慕名而来的食客目不暇接。从指甲盖大的小香蟹到几斤重的面包蟹，应有尽有。2000年蟹子楼一开业，就给大连人一个眼球上的惊喜：不仅有大连当地的飞蟹、赤甲红、花盖蟹，还有南方的阳澄湖大闸蟹、红花蟹、兰花蟹，日本和俄罗斯的帝王蟹，澳大利亚的皇帝蟹，加拿大的太子蟹，英国的面包蟹等，国内外的蟹子共十几种。在这之前，大连市民从未见过这么多国内外品种的蟹子。

跟着父母做了快30年海鲜供货生意的蟹子楼大饭店总经理孙志刚一手创办了这家店，从来不欠客户账的长期合作美誉，让这一家人时刻具备能保证奇缺货源总是优先到位的资源优势，并且一直为大连和国内十几家生意极好的大型豪华海鲜酒店做着海鲜供应。童叟无欺的待客原则，让他的店成为沙河口区上千家大小社会餐饮酒店中仅有的两家计量信得过单位之一。他是地地道道的大连人，对这座鲜美味道的城市有着深沉的挚爱。20世纪90年代，孙志刚曾旅居美国和德国，萧条的寂寞让他时时追忆家乡海鲜的美味和营养，也让他意识到了中国美食和大连海鲜的营养健康和发展远景，凭着太懂海鲜养护的本事，他毅然回到故乡大连，创立了蟹子楼。

内行人才能做好生意。北方大连的海蟹适应低温盐分高一些的海水，孙志刚就会在养蟹的海水里多加一些海水晶（由海水盐分中提炼）。南方蟹适应盐度低的海水，他就禁止加海水晶。同一类型的海鲜不同产地，他都有着

蟹子楼是大连海鲜主题做得最足的一家海鲜家常菜酒店

不同的养护方法。哪里的海域什么样的海鲜食材生长得最好，在他心里早已有了“小九九”。比如，飞蟹必选连着大连的丹东海域东沟蟹，花盖蟹一定是要长海县的，山东与大连之间的海螺皮薄肉大鲜味足，大连最好的蚬子是营城子镇黄龙尾海滩渔民用铁挠子手刨的，机器扒的蚬子他坚持不要，机器扎进滩涂里，蚬子被惊吓后立即用力收缩，把大量沙子都带进了蚬子肉里，吃着牙碜。

2011年深秋某日，孙志刚邀请董长作大师和几位朋友来到蟹子楼，品尝他的新菜。每人一只肥美的飞蟹，一只阳澄湖专供的大闸蟹，然后就是家焖黄鱼、茄子炖鲍鱼、高压海参蘸酱、董大师喜欢吃的干煸大虾炒茧蛹、蚆蛸蘸酱、海肠炒韭菜、清炒时蔬和川菜跳水牛蛙。推杯换盏之间，董大师夸赞起他的饮食谋略，我也颇感有新意。

“好饭店会抓主题。大刚，你的蟹子是饭店主题，卖的却是大连海鲜，拿着蟹子当由头，卖了一桌好海鲜，太聪明了。大家想一想，这里蟹子品种是大连最全乎的，大连海鲜又不是很贵的，你有大连最好的国内外进货渠道啊，眼球效应立马出来了。没有人会点一桌子蟹子，那也没法吃啊。蟹子楼蟹子楼，蟹子当由头，海鲜吃晕了头，讨了个好彩头，哈哈哈哈！”

我想起了风靡一时的英国主题餐厅。1971年，英国第一家主题餐厅在伦敦开张，到20世纪90年代，主题餐厅占英国餐馆总数的3%，每年以两位数的速度增长，成为英国餐饮业的重要组成部分。后来英国主题餐厅衰落下去，我一直认为是他们思维不活跃，餐厅的音乐主题、运动主题或影视表演主题，主题文化功夫做得很足，餐饮头脑却是在食材与营销上一成不变的“一根筋”。但愿英国人不会记恨我的想法。

“做这个饭店前，我就产生了蟹子做卖点带动大连海鲜和大连老菜全面销售的想法。在盘锦开的蟹子楼大酒店，也是这个想法。从效果来看，还算没有跑偏。”孙志刚的话听上去谦和低调。

记得2010年初秋，我们部门AA制去了一趟盘锦市游玩，当晚就在孙志刚的酒店撮了一顿，当地河蟹河鲜与大连海鲜相互辉映，那才叫牛呢。2007年，他在盘锦市开了这家当时是当地最大的海鲜河鲜酒店。盘锦河蟹是东北知名的蟹子，肥膏蟹黄鲜肉美味绝不次于南方河蟹。

“主题餐厅做好了，生命力还是长久的。”我试着谈自己的观点，“英国主题餐厅当时在全世界最厉害，而后却没干过美国主题餐厅。美国主题餐厅是在英国主题餐厅衰败时，蓬勃发展起来的。我注意到，美国佬只是把主题当卖点，满脑子都在餐饮经营上，结果成功了。”

主题餐饮，在今天的大连其实外延已经很广阔了。大连海鲜生意做得最好的十几家大型豪华酒店莫不如此，万宝海鲜舫的主题就是大连最好的海鲜食材菜肴，“海鲜酒店万宝第一”的美名无人不知。紫航大酒店紧随万宝海鲜舫，也做足了大连海鲜华丽大宴。浪琴酒店因为有了国内餐饮专业权威戴书经大师，大连海鲜老菜品质自然耀眼地盘踞全市鲜味头牌。这些品质在大连名列前茅的海鲜酒店，打的都是大连海鲜老菜的主题。

海肠炒韭菜

“我的蟹子一天下来卖得再好，也不如大连海鲜老菜卖得多。主要的利润，还是在海鲜老菜上。”孙志刚说得很实在。

“未游沧海早知名，有骨还从肉上生。莫道无心畏雷电，海龙王处也横行。”皮日休这样咏蟹。“怒目横行与虎争，寒沙奔火祸胎成。虽为天上三辰次，未免人间五鼎烹。”黄庭坚这样识蟹。祖先对蟹子的嘲讽和偏爱，在今天生出的却是无尽美意的食蟹文化，正是这个文化，让大连人在生意场上把让人爱恨交加的蟹子的本意做得风生水起。

街头外来的味道

外来的味道易入口，外来的和尚好念经。不过，容易入口的外地美食味道真正想有立锥之地也要费尽周折。

1994年，大连人张嘉树把第一个正宗东北菜馆咕嘟炖引进了大连桃源街。“扒猪头”“熏酱菜”“得莫利炖鱼”“鲇鱼炖茄子”“红颜知己”等菜品十分新颖，餐馆非常火爆。张嘉树是个文化人，开餐馆的文化意识也很强，他曾是《东北之窗》杂志社总编辑，还是《大连晚报》创始人之一，曾两次当选为大连市球迷协会会长，现在还担任大连市民间文艺家协会主席。他曾在自己的餐馆留下了“鲇鱼炖茄子，撑死老爷子”“红颜知己”（红心萝卜拌糖醋）“咕咕嘟嘟天下第一炖，浓浓烈烈人间不了情”等菜品顺口溜、菜名和店门对联。1996年这家店关掉后，仍有许多人提起便留恋不已。

1997年，对大连餐饮业来说是外来餐饮大量进驻大连的第一年。大连第一家上海菜馆——浦江餐饮、第一家川菜馆——川外川、第一家湘菜馆——潇湘酒店、第一家活鱼锅店——四同活鱼锅相继诞生。随后的几年时间里，外来主题餐馆开始了向大连味道汇合的快乐之旅。

1997年6月，在五四路126号，大连人经营的上海菜馆浦江餐饮开张了。从开业第一天起，他们就坚持正宗上海老菜经营不动摇，成为大连市迄今为止运营时间最长久、菜品销售最稳定、上海老菜最正宗的一家上海菜馆。后来几家在大连新开的上海菜馆，从开业到关门，有的只有三四年。“糖醋小排”“红烧肚档”“糟熘鱼片”“响油鳝糊”“红烧甩水”“豉汁百叶包”“油面筋塞肉”“扬州蒸干丝”“酱爆猪肝”等这些上海老菜，卖得一直很好。浦江餐饮的客人大致分两类：在大连工作的上海人和在上海生活工作过的大连人。在制作这些上海老菜的过程中，总经理张世晋要求上海来的厨师减少浓油赤酱的大甜大腻，少盐少油少糖，但不能丢失上海老菜的本味。有时候到大连办事的上海人被朋友邀请来到浦江餐饮，都惊呼起来："这样原汁原味的上海老菜，在今天的上海也很少能吃到了，现在上海的餐馆基本都是粤菜、淮扬菜的混合菜，那样能卖出价来。"开业同时，浦江餐饮还把阳澄湖大闸蟹历史上首次引进了大连。

浦江餐饮曾在大连做过两家分店，第一家1998年至2001年在港湾桥与三八广场的五五路上，第二家2003年至2006年在连山街上，都是因为房东提出新的理由不再续约了。

张世晋说，浦江餐饮这么多年来在大连运营稳定，坚持正宗上海老菜营销是主要原因。他在2011年去上海出差时，看过当地报纸一篇文章，呼唤上海老菜归来。联想起大连多年前的媒体呼唤大连老菜归来的情景，他笑了：坚持城市老菜，是餐饮界一条长久的生存之道啊。

1998年10月，在港湾桥时代大厦上，一家装修档次较高的上海菜馆——上海滩大饭店开业了。他们秉承着上海海派菜的理念，把淮扬菜、杭帮菜和西餐融合起来，推出了少油少盐的创新概念菜肴"草头圈子""稻草大肉""红烧鲥鱼"等，清炒系列包括"清炒马兰头""清炒水晶河虾仁""清炒鸡丝"等，以糟味为主的冷菜有"糟鸭舌""糟钵头"等。店

当年的咕嘟炖饭店成为大连街一道亮景，左二为张嘉树

浦江餐饮是大连街头生命力旺盛的象征

上海滩大饭店把新派沪菜做得很成功

老板黄里年轻时就是个上海菜迷，对烹饪也有多年的研究，他把自己的上海菜馆定位“赌”在了海派菜上，结果赢了。后来因为改行经营别的生意，这家店才在2010年前后结束了自己的繁荣日子。

在2000年开业仅三四年即关门的几家上海菜馆中，小南国最为典型。2001年至2004年，上海小南国总部看好大连市场，在胜利路上开了小南国大连分店。一开始，饭店生意令人振奋，后因内部管理出现了问题，不得不关闭。2010年，人民路的富丽华大酒店旁盖起了世界名牌商场时代广场，小南国再次瞄准机会将分店搬了进去。目前来看，生意一片大好。

位于中山广场万达大厦，于2000年年初开业的老正清饭店，是大连最昂贵的上海菜馆。因是香港大厨主理沪菜，带进了一些港式色彩，不过经典的蟹粉鱼翅等菜品做得的确正宗精致。我曾在2007年9月底请一位给过我婚宴帮助很大的人吃饭，去的就是老正清，三个人点了一只二斤半的龙虾，三盅蟹粉鱼翅，一段长江鲥鱼，一斤半虾爬子，一碟广东青菜，一盘三生（黄瓜条、萝卜条和西芹段）蘸酱，两屉小笼包加4瓶黑狮金冠，一结账吓了我一跳：5300元。幸亏我提前有所准备，不然就会出大笑话了。可能是消费价格偏高的原因，2009年老正清就歇业了。

大连史上规模最大的上海菜馆是上海城大酒店，现更名为沪江春。上海城目前有三家上海菜酒店，一家温泉宾馆，一家高级火锅会所。上海城三家酒店总面积达1万余平方米，最大的店是2006年年底在雍景台开业的上海城大酒店，营业面积达5600平方米。第一家的同泰街上海城于2003年5月开业，营业面积达2000多平方米。第二家的星海湾上海城营业面积有1000多平方米。从规模来看，上海城大酒店可以称作大连上海菜的“航母”。他们的经营卖点打在海派菜上，淮扬菜、杭帮菜、阳澄湖大闸蟹和大连海鲜，是他们适应大连人饮食风味的主要特点。董事长王懿震的餐饮理念就是不断地适应市场的需求。

1997年夏天，几个来大连打工的成都小伙子合伙开起了川菜馆，川外川在沙河口区白山路上的成立，预示着大连川菜市场繁荣时代的到来。“川外川”本属他们在大连自创的品牌，大连人却把这个店当成了四川来的名店。富有四川地方麻辣特色的民间时尚菜品如“飘香水煮鱼”“毛血旺”“九九龙虾”“口水鸡”“夫妻肺片”“香锅鸡杂”“香辣鸡脆”“酱肉小包”等，很快征服了大连人。川外川后来在大连相继开设了四家分店，始终坚持以品质创新与优质服务并重，不断提升就餐环境，浓郁的四川本土文化与大连现代时尚休闲元素结合起来，将餐饮文化尽可能完美地体现出来。

当年雍景台上海城是大连规模最大的上海菜“航母”

皇城老妈港湾桥店夜景

在大连川菜一片红的美食美景下，大小几十家川菜店于十几年间片片露出锋利的尖角。川味当家、皇城老妈、重庆小天鹅、巴国布衣、川江号子、巴蜀人家、蜀乡情等特色不同、规模不一的川菜店，此起彼伏，生龙活虎。皇城老妈、巴蜀人家、蜀乡情等川菜店，励精图治，打造自己的良辰美景。巴蜀人家和蜀乡情的老板是两位大连人，做起川菜馆来一点都不比成都人和重庆人差。巴蜀人家老板范斌，在大连已经有了6家生意比较稳定的连锁店。蜀乡情老板申强的川菜店，从太原街到星海湾南大亭再到联合路，开到哪儿，那些老客户就跟到哪儿，就像当年高尔基路的牟传仁老菜馆一样，每天都得提前预订，每天总 是有人在那排队吃饭。我曾经把他的川菜店在报纸上称为一种“蜀乡情营销现象”。

同样的川味火锅，2003年开业的皇城老妈成了大连川味火锅的标杆。可以说，皇城老妈是第一个把星级川味火锅和火锅文明带到大连的店。作为总部在成都市获得中华餐饮名店和全国百强名店的皇城老妈，他们第一个把蜀地蜀风文化带到了大连，第一个把大连海虾做成了可以涮着吃的虾滑，第一个把竹荪、牛肝菌、羊肝菌等四川高山菌类介绍给大连人，第一个让大连人见识了为客人泊车、送客人眼镜布和餐桌用的手机套等前卫营销理念，老妈牛肉，白汤红汤，火锅伴侣花生冰沙，这些新鲜有特色的美味和川人蜀地的餐厅环境，使其成为大连人心中的“五星级火锅”。

另一家辣菜馆就是颇有名气的湖南菜馆——潇湘酒店。1997年9月26日是潇湘酒店开业的日子，我被湖南妹子张建军请到了开业现场。这是湖南菜首次碰触大连人的味蕾。开业当天，当时的湖南省人大领导都到了。我对张建军说，你这是第一个来大连的毛氏湘菜馆，得进入大连史册啊。她笑着说，我不想做第一个吃螃蟹的人，如果算第一个，我也是碰上的。我还是第一次看到大连人对湘菜接受的速度如此之快，剁椒鱼头、竹香酱板鸭、毛氏红烧肉、山豆角肉末、干锅黑山羊、明炉煨干笋、湘潭水煮鱼等久负盛名的湖南名菜，在短短的两个月时间内就成了构成大连人谈资的美味。

一晃在大连做了16年湘菜后，张建军的湘菜馆调整了经营战略，立足湖南省的同时转向富有市场前景的海南省，湖南妹子的正宗湖南菜馆——潇湘酒店宣告了大连旅途的结束。

湘菜在大连开始走红之后，大连又有湘港红馆、湘溪人家、湘溪小镇等十几家湘菜馆开业，湘菜也随着川菜的红火在这座海鲜城市燃烧　起来。因为定位不稳定因素，湘港红馆等业已消失。

大连下午茶式休闲餐厅中，尖沙咀、千日贺等目前做得最有特点，港式茶餐厅、港式奶茶、粤菜小炒、绿色冰沙下午茶等时尚休闲主题很浓。

火锅是大连永远热烈的风。

从火锅起源中我们发现，最早的火锅在商代就以大鼎煮肉的形式出现，到唐宋时已经盛行，官府和名流家中设宴多备火锅，到五代时还出现了将火锅分成五格供客人涮用的五格火锅。那时的火锅又称暖锅，有铜制的，有陶制的，无论是器皿还是涮食材料都引领着当时的饮食热潮。到清朝嘉庆皇帝登基时，在盛大的宫廷宴席中，除山珍海味水陆并陈外，特地用了1650只火锅宴请嘉宾，成为我国历史上最盛大的火锅宴。

火锅从达官显贵的府中飞入寻常百姓家是在清末民初，从重庆的毛肚火锅开始，是重庆码头和街边力工流行吃的街头“水八块”。水八块全是牛的下杂（毛肚、肝腰和牛血旺），生切成薄片摆在不同的碟子里，食摊泥炉上砂锅里煮起麻辣牛油的卤汁，食者自备酒，自选一格，站在摊前，拈起碟里的生片烫着吃，吃后按空碟子计价。价格低廉，经济实惠，吃得方便热乎，所以受到码头力夫、贩夫走卒和城市贫民的欢迎。尔后，火锅开始风靡大江南北的市民店铺，价格便宜，人气颇旺。

原汁原味的牛尾菜

大连的火锅，在改革开放前没有什么记录，直到20世纪90年代，才开始逐渐兴旺起来。

记忆中，野力肥牛是大连第一家肥牛火锅店，成立于1994年，总店位于大连市新开路99号，多年来已经成为大连肥牛火锅业的领头羊。不但受到新老顾客的青睐和厚爱，还先后被省市区政府授予各种荣誉。蘸料是肥牛的灵魂，野力肥牛的蘸料用38种原料，按秘方熬制精心配制而成，深受顾客欢迎。2005年，他们在友好广场原来的太阳城餐饮店老地址上装修开业了连锁店。太阳城曾经是大连刻骨铭心的一家中餐店，红火了几年后，三位合作伙伴大连人李永夫、于东升、曲涛，因各自追求自己的事业而曲终人散。李永夫目前在大连做着渔人码头的高端餐饮生意。于东升在千山路继续保持太阳城餐饮的同时，还做了一个好吃的米线品牌——灵芝妹子，天然绿色的食材，不油炸的理念，在喜爱米线的大连群体中很是叫座。

大连后来的肥牛店几年内基本遍地开花。

菌味火锅最早出现在大连黄河路上，是在20世纪90年代，叫小背篓。随着菌类食品延年益寿减肥降脂的作用越来越被人们熟知，人们对菌类火锅发展到疯狂贪恋的程度。2008年，为了让菌类火锅品牌更加时尚新颖，小背篓原来的股东之一石长路先生决定把大连小背篓做成菌类特色品牌火锅的升级版——何鲜菇。何鲜菇在大连出现后，立即受到大连人的热情欢迎。装修时尚精美、养生理念新颖的大连何鲜菇鼎盛时在大连市区和北三市多达十余家，生意一家比一家火爆。

从2000年开始，不少想做火锅的人都看中了鱼锅生意，无论哪路英雄，都从四面八方向大连靠拢，沸腾鱼锅、酸菜鱼锅、鱼头锅、活鱼锅、斑鱼锅、炒鱼锅等各式鱼锅，都扛起“绿色、健康、聪明”的大旗，空运江湖淡水鱼，利用大连海水鱼，把关于鱼的火锅故事做得精彩绝伦如鱼得水。十几年中，有的在热闹过后苦笑或是无奈而去，落得个“花自飘零水自流”；有

昔日的15库上海城火锅会所观海散台

的越做越潇洒，赚了个盆满钵满，财神爷冷不丁给你个“不尽长江滚滚来”的大惊喜。

除了被餐饮界人士称为五星级火锅的皇城老妈外，大连火锅间的一分高下是从2006年开始的。那一年，人民路上出现一家澳门豆捞火锅，是真正的高端消费，三五个人稍微放手一消费就是几千元。2008年，星海湾又出现一家高端火锅场所——聚宝隆火锅，精美奢华的时尚装修，精致顶级的牛羊肉片，色彩鲜艳的艺术盘式，完全提升了火锅的档次。之后，杭州总部的全国澳门豆捞分店落户星海湾（一年半后撤走），鼎鼎香极品火锅在青云街出现，品上鲜在八一路明星般亮相，莲花街57号的鼎品鱼府成为热闹区域沙河口区解放广场一带最高品位火锅店，大连市第一家火锅会所——15库上海城火锅会所大师出境，大连的火锅格局彻底颠覆，高中下之分如此鲜明。

“慵倦地倚在海边餐桌的红木绢椅上，吹吹窗外木栈道上的海风，看看游轮进出海港，环视周围古色古香的宋代青花瓷、木花格、小桥流水、精致花鸟工笔画，细品廊角美丽女孩悠扬婉约的现场古筝演奏，涮一片高级肥牛蘸料放进嘴里，那是多么惬意的时光啊——世界上最美妙的火锅享受，原来就在大连15库上海城火锅会所……”

这是15库上海城火锅会所一位消费者在网上的感言。

同样是火锅，因为这些时尚高端火锅被赋予了奢华时尚的环境，顶级经典的口味，与价值对等的价格，自然会吸引那些追求品质生活的人们。尽管不少店如今已经告别餐饮业，但却在人们的记忆中久久难忘。

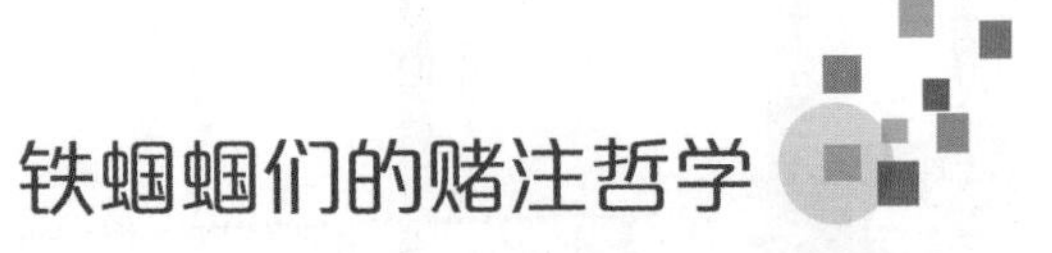

铁蝈蝈们的赌注哲学

每个人的选择，都有赌的成分。你认为十分有把握的事情，偶尔就可能意想不到地让人大失所望；你对一种期待心灰意冷时，又可能突然喜从天降。

大连有一批做餐饮的人，是怀着赌的念头闯进餐饮圈的。有一个叫崔江的吉林四平人，大学毕业不想专心端那只铁饭碗，给自己下了一个赌注，怀揣着一个梦想来到大连。先是给别人打工卖保健品，然后自己开干洗店，锻炼营销能力。2007年9月，他在甘井子区金三角一带开起了铁锅炖江鱼路边店，2009年9月又在南关岭开了第二家店。2010年10月，在山东路开了一个铁蝈蝈农家菜馆，专卖吉林四平老家的臭菜等奇珍山野菜和猪血灌大肠等杀猪菜。我还从未见过有那么多人为吃一顿当场灌血肠的杀猪菜等座能等40分钟的。2010年12月一个北风割脸的傍晚，就让我在他的农家菜馆前碰上了。2011年11月，五五路装修品位较高的铁蝈蝈炖江鱼开业。2012年夏天，他在大连日航饭店举办的那个铁蝈蝈手擀面加盟新闻发布会给我镇住了，第一年的目标就是100家加盟店哪，牛气冲天了，当场就有7家上去签合同，我都不敢相信自己的眼睛了。

我认真分析他的经营理论，发现他其实不是傻乎乎地盲目做，而是每次“下赌注”之前有观察、有思考、有预案、有把握地去决定做还是不做。他几乎每年开一家店，是看准了市场空间才如此迅速的。再比如他对自己的铁蝈蝈手擀面未来市场的大胆预测是有调查和分析的。他做过一个调查，在2012年的大连面馆市场上，高端拉面占10%，手擀面占10%，其他外来拉面占10%，而中低档拉面占70%。从这个调查中不难看出，大连手擀面市场的潜力巨大。他认为大连人应该用标准连锁方式去做手擀面市场，10年之间将是一个几亿飘红的大市场。

开炖江鱼馆是他一个成功的案例。他知道大连人爱吃鱼，有着独特的吃

铁蛔蛔炖江鱼

鱼文化的情结。他的老家又有江鱼货源，于是他赌上了。实际上，这是对市场细心分析预测的结果。

吃铁锅炖江鱼是什么感觉?

围着锅坐，热乎；看着锅炖，开胃；守着锅吃，解馋！正是由于和炖鱼锅零距离接触，全过程守候，而且鱼从炖上到入口需要一段时间，所以对于嘴急的人们来说，无疑是一个“严峻的考验”。看着红彤彤的火苗和热腾腾的蒸汽，听着噼噼啪啪的烧柴声和嗞嗞啦啦的开锅声，闻着松香和鱼香，视觉、听觉和嗅觉同时作用于胃，使灶边的每个人都抑制不住唾液的猛然增加，更控制不了饥饿感的急速膨胀，越是餐饮经验丰富的人越是难耐，越是嘴急的人越是一种折磨。除了此种炖法，还有什么能如此全面、迅速地激活人们的食欲呢？“别为吃啥转磨磨，解馋就去铁蛔蛔”，崔江的广告词设计得可真会折磨人哪。

我发觉，做铁锅炖鱼的人都有这种狂赌的心理。马栏子广场西边曾经有一家老灶台鱼馆，铁锅炖的是千岛湖大鱼头，比崔江早一年做炖鱼店。做了六七年，生意时好时坏，总的来说是平稳渐进地向前发展。一般急性子的人在生意难熬时就顶不住了，这家老板朱先生和妻子小赵坚定信心不动摇，他们夫妻二人早就发现大连人爱吃淡水大鱼头的习惯，谁劝也白搭，最后的成功自然属于坚持到底的人，他们赢了。

三十里堡一个水库边有一家叫黄毛鱼馆的路边店，四方铝制大盘子，一条从水库打上来的三四斤重的淡水鱼，几块老卤水豆腐，一把蒜瓣几块葱白，一块炖好后就这样端上来了。小火炖的时间长，鲜香的鱼味都渗进豆腐里去了，那个美滋滋的味道都没工夫给你描述了。就这家没有什么装修的小店，坚持了十几年，用老板的话说，我也是在赌一把，没想到赌对了。不过，我赌的有道理，农村水库边上的炖鱼馆，哪个城里人不喜欢？这是市场调查分析预测的结果，不能算是真赌。

后大连的大厨味道

人生活着七件事：柴、米、油、盐、酱、醋、茶。古人这句话是说，人活着的基本底线是吃好、喝好、养生好，才能好好儿活着。我觉得，这话更应该是说给厨师听的，其中盐、酱、醋都是调味品，是人们生活中具有重要意义的东西。固态调味品除了食盐、味精、蔗糖以外，还有豆豉、虾子、各种香辛料等。液态调味品有酱油（生抽、老抽）、鱼露、蛏油、蚝油、糟油、糟卤等。正是这些味道，组成了我们人生尝不尽的各种滋味。从这个意义上讲，厨师这个职业是神圣的。没有味道的人生，活着还有什么意思？

徐孝刚

从融合菜开始，大连厨师的味蕾变得更细腻、更专业、更有层次、更有韵味了。从40岁左右的厨师来看，他们的厨艺生涯都在20年上下，拜过一位师傅，少数人拜过两位以上师傅，有过多家酒店、其他省市或是国外从厨的经历，也有一部分人就在一两家酒店一直做一种当地区域认可的菜肴。与以往相比，他们变得更加务实，饭店老板的节约成本想法须顾及，怎么能让客人喜欢自己的菜品是最重要的事情。

徐孝刚的菜品

大连小平岛有一家叫蓝堡的精品酒店，总经理和大厨是一个人，叫徐孝刚。酒店老板给他这个双职位，看中的就是他的精湛厨艺。蓝堡酒店做的主要项目是餐饮，又守着海边，他想到的就是把海鲜这桌大菜做好，老板很支持他，让他放开去做。他听说旅顺盐场海鲜一条街有位当地老爷子鱼炖得好，就去试着品尝，果然让他惊叹。鱼的火候、味道与口感都把握得刚刚好，似乎再多炖一分钟那刚好的鲜口就咸了，少炖一分钟那鱼肉肯定不熟似的。他把老板拖去海鲜一条街品尝。老板品尝后也连连叫绝，他就请老板聘请炖鱼的老爷子。老板根据他的建议，给那老爷子月薪万元。后来证明了老爷子给酒店带来的效益是完全对得起万元月薪的。

徐孝刚研究菜品一直在精品上花力气。血燕面筋丸是令他得意的一道菜。将鱼洗净后入锅用油煎黄，加汤，依次放入葱、姜、白胡椒粒，熬制成白汤备用；将制成的油面筋泡好备用；鱼肉制成蓉，加入血燕，灌入面筋泡内，入白汤煮透，调味后放入盛器中。出品精美，工艺精细，味道淡鲜淡香，获过全国金奖。另一道全国获奖大菜石榴鲜鲍，是将鱼经加工改成树叶花刀，沸水入鲍汁后用高压锅压40分钟以上备用；用调制好的鲍汁，将预制好的鲍鱼再烹制后围边；扇贝肉制成蓉，入味，放入煨制好的鱼翅制成馅料备用；海胆制成冻备用；鱼面皮包入馅料，放入海胆冻，用香菜茎扎口修饰，入屉蒸5分钟取出，点缀蟹子，放入盘中。这道大菜的口感是一种奇特的美味，评委和回头客都大加赞赏。这些年他的多款菜品获过全国、省、市

大连名厨闻国臣（右一）在美食大赛现场做评委

大奖，他还是国家中餐资格评委和中国烹饪大师。大家对他的菜品印象比较一致：味道好，很精致。

闻国臣是大连旅顺口宏光好运来集团行政总厨，还是一位获得国际烹饪艺术大师并具备中国中餐评委资格的大厨，曾有菜品获过全国大奖。与旅顺地方菜略有不同的是，他的菜品主要是满足星级大酒店客人的胃口，基于这个落脚点，他把旅顺部分顺菜吸收进来，打成精美的盘式，在营养与口味上注意巧妙的搭配，使他的酒店菜品既有酒店的精美盘式，又有地方特色菜的个性海鲜风格，像小香波螺肉打成西餐盘式就很有意思，“争霸金丝沙律虾”这道全国获奖大菜强调中国传统喜庆色彩的金色与红色，口感讲究鲜香焦脆。闻国臣的菜品代表了

李炻良的代称是“城乡接合部菜王”

大连海边星级酒店一些大厨的追求风格：酒店高档次的精美菜式与地方菜风格想方设法合理地结合在一起。

城乡接合部区域的菜品又是另一种风范。这种区域，一边是紧紧连接着郊区农村，一边挨着城市中心，在这个区域一家星级酒店总厨李炻良准备了两套宴席菜单，一套完全满足郊区农村的农民兄弟，一套满足周边文化品位比较到位的客人的需要。在农民兄弟的菜单里，颜色鲜艳、充满喜气、传统老菜、菜量实惠是宴席的灵魂，传统宴席的设计场面在他的眼前一一掠过，这样的菜单大家打心眼里喜欢。另一套菜单，以健康时尚为主题，比起第一套来更显精致，注重细节，营养搭配细微到每道菜品内的搭配和整个宴席的菜与菜之间的搭配，菜品色调典雅，较有品位。李炻良说，在这样的区域，你必须有两套以上的菜单预案，如果你把第二套菜单给了农民兄弟，他们有时会觉得华而不实，菜量太小，不等吃饱就没了。大连这种城乡接合部的区域非常多，李炻良这种有特点的菜单被圈内人士常常笑谈为“城乡接合部菜”，看见他老远走过来，就会开玩笑说：“城乡接合部菜的大厨来了。”他也笑着回答：“关键是好用。”

家常海鲜菜，最能反映出大连街头菜馆里人们对大连海鲜的态度。已经成为当下必点菜、网红菜的海胆饺子，就是西南路常鲜楼老板杨海明的大连餐饮历史首创。就和当年一火冲天全国皆知的大连海肠饺子创始人孙杰一样，海胆饺子也让杨海明在国内渐红。不仅如此，他平时对家常菜也颇有心得。“今天没有‘渤海刀’了，这一阵子货不多了。”“黄鱼眼下正肥，来一条家焖吧。”这就是大连家常菜馆的特征。你在家常菜馆里看见有什么海鲜，就知道大致

杨海明在录制央视节目

于涛

韭菜炒大虾

手掰豆腐炖大蛤

这个月该有什么样的海鲜上岸了。在西南路常鲜楼，这样的镜头就很多。杨海明是一位年轻的烹饪大师，他卖的海鲜菜就是海鲜季节表，哪个季节海上有什么鱼、贝、虾、蟹，他的菜馆就卖什么。他的菜品可以满足不同层次的食客，有时精品菜中来两道土得掉渣的家常菜，有时家常菜中上两道让人迷醉的精品菜，相互穿插，效果实在不错。大连比较有品位的家常菜馆，杨海明的店算是一个缩影吧。

大连海鲜家常菜馆眼下很火的一家，就是于涛的品味居了。于涛，大连人，最早在大连棒棰岛宾馆学习厨艺，对大连海鲜家常菜有一套自己的心得。2007年和2012年开业的两家品味居，融入时尚菜的元素，把大连海鲜家常菜做得新颖地道，“参鲍拌三丁”“韭菜炒大虾”“茼蒿炖海兔”“葱炒鲍片”“芹菜拌毛蚬子”“手掰豆腐炖大蛤”“蛎仔蒸蛋”“土豆丝黄瓜丝炒大蛏子”等几十道创新菜，让大连人感受到了大连海鲜家常菜的魅力。他现在是中国烹饪大师和国际烹饪艺术大师，菜品曾获过中国金厨奖。

董辉可以看作大连海鲜意境菜的代表名厨之一。他主要下功夫在海鲜意境上，“绣球海带”“荷花鲍鱼”“富贵花开”等海鲜意境菜很受同行关注。

董辉

徐福财是大连一位有30多年从厨经历的中国烹饪大师和高级技师，还是国家级中餐评委之一。他很善于将大连海鲜创新，像大连人非常喜欢的老醋蜇头加红烧肉罐头做成的乱炖菜、烤椒海螺和泰椒乳鸽烧海参等菜肴，就是他的原创。

大连餐饮这些年似乎在进入又一个繁荣期，说句不是拍马屁的话，真和受到各级领导的重视有关系。

2009年8月，旅顺口区以当地美食名店千品渔港主厨为代表的4位厨师，荣获了中国饭店协会2009年颁发的中国烹饪大师和中国烹饪名师称号，其中有3位荣获中国烹饪大师称号。千品渔港也被评为中国名店。旅顺口区政府有关部门提出，应借这一时机，将代表旅顺口的“顺菜”这一概念提出来并加以推广。中国餐饮协会会长韩明还亲自来到旅顺，指导他们的顺菜推广。施广龙、王克建和当时还在旅顺的杨海明均来自旅顺口海鲜名店千品渔港和千品海参食府6家连锁店，张楠来自特色名店湘海楼，王德君则来自当地特色店广洋酒店。

施广龙是大连顺菜的代表厨师之一

旅顺口千品连锁店张玫女士拿到全国餐饮名店大奖后，已成为大连顺菜的代表人物

他们5人后来被餐饮媒体界称为旅顺口顺菜5位创始人。

5位厨师作为旅顺口顺菜的代表厨师，近年来对旅顺当地菜做过认真的研究和整理。特别是施广龙，从2000年来到旅顺至今，目前是旅顺连锁规模最大、已经获得中国餐饮名店称号的千品渔港和千品海参食府的行政总厨和其中两个重要店千品渔港二部和旅顺开发区千品海参食府的总经理，他擅长炒菜，干脆把旅顺特色的海鲜菜和当地家常菜作为主题来进行研究，并融合现代时尚的美食潮流和元素，使当地菜成为大宴名肴。他的“军港之夜”“梨园春色”等顺菜都在全国拿过大奖，他告诉我，后半生就将和顺菜“过”下去。

千品连锁店董事长张玫是一位大连文化名人，不仅在慈善和支持京剧事业发展方面成为这座城市的重要代表人物，还是大连市政府评出的改革开放30年大连美食领军人物，对旅顺地方菜颇有研究。她经常和施广龙等几位烹饪大师级厨师在一起探讨菜品研发至下半夜，在旅顺口传为美谈。区政府有关领导就是在他们的要求下，提出推广旅顺口“顺菜”概念的。张玫说，旅顺口有着悠久的文化历史，尤其是在中国近代史里占据着一定的分量，其餐饮也和大连市内有所区别。旅顺口的炖鱼系列、渤海湾刀鱼、炒鲜边、功夫菜等一大批当地菜，都是国内外许多客人喜欢的。旅顺海鲜由于自己的独特优势，已成为当地品牌。许多市民和游客来到旅顺口，一定不会忘记吃上一顿美美的旅顺海鲜。

对于旅顺人来说，将现代文化时尚元素和旅顺口当地菜融为一体，从环境、盘式、器皿、色泽、营养到寓意做出一种独有的旅顺菜风格，形成顺菜这一独特的大连海鲜品牌是有必要的。旅顺口区政府也将以千品食府6家连锁店、湘海楼、广洋酒店等为主的十几家酒店餐馆，定位成旅顺顺菜代表菜馆将其顺菜推广下去。

推动大连现代菜品向前发展的，还有四家协会和一家媒体不能忽视。

大连市饭店协会会长林风和

中国饭店协会下属的大连市饭店协会，近年来在配合大连市政府职工技能大赛、向全国推荐名菜名小吃、推荐大连知名餐饮店一系列活动中，受到了国家及辽宁省饭店协会和大连市政府的首肯。会长林风和是大连老字号盈春大饭店厨师出身的董事长，每年在举办各种烹饪活动中自掏腰包几十万元，在业界有口皆碑。

大连餐饮行业协会会长姜军

大连餐饮行业协会是中国餐饮行业协会下属的一家城市分会，近些年来带动大连各大酒店餐馆，举办各种评比和鉴赏菜品活动，会长是大连名厨姜军。这些活动的举办，使大连菜品的质量不断提升。

大连美食文化协会是在大连市商委授意下成立的隶属中国饭店协会下的一家民间协会。会长高成聪带领会员单位经常举办各种美食大赛、厨师晋级和名店评比活动，在大连餐饮业有一定的知名度。他们曾经成功地和市政府一起，举办了改革开放30年大连美食文化界领军人物活动，在大连市产生了一定的影响。

大连市厨艺发展研究会多年注重年轻厨师的厨艺交流，培养的许多青年名厨，是大连餐饮业闻名的厨艺中坚力量。厨师出身的杜新伟在前辈、恩师的鼓励支持下，于2013年尾正式成立大连市厨艺发展研究会，在省、市商务部门的协助下，通过青年名厨大赛等活动，为社会培养了大批青年名厨，其中十几位在全国崭露头角，名声显赫。

大连晚报社《大美食》专刊1997年在全市平面媒体首家创刊后，逐渐将

大连美食文化协会会长高成聪

大连市厨艺发展研究会会长杜新伟

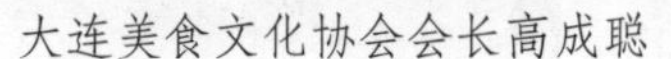

各种栏目丰富规范起来。从2004年与大连市旅游局和华润雪花啤酒（大连）有限公司共同举办的首届大连“十大海鲜创新菜”“十大风味小吃”开始，先后举办了七届美食大赛，从社区市民参与大赛到与市劳动局合作举办厨师晋级评比、厨娘大赛、大连烹饪大师表演赛等，在社会上产生了一定的品牌影响力，客观上推动了大连厨师菜品的创新步伐。

地产啤酒的霸道

美食伴美酒，不妨醉一回。

大连基本是一个不生产白酒的城市，却不乏地产啤酒。

叶帅曾以一首心潮澎湃、放眼世界的《远望》，使棒棰岛名扬天下。

在党和国家第一代主要领导人中，只有毛主席没有来过大连，但“棒棰岛”三个字却出自毛主席的笔下。1977年4月6日，毛主席手书《远望》在《人民日报》第1版公开发表。其中“棒棰岛”三个字，就是我们在棒棰岛宾馆入口处看到的毛主席亲笔手书。

大连第一个以“棒棰岛”命名的产品商标就是“棒棰岛啤酒”，诞生于20世纪80年代末。棒棰岛啤酒——当年大连人脱口而出的“大棒”，至今在老大连人心目中时时不忘。

啤酒节

20世纪80年代末，大连啤酒市场由渤海啤酒厂和大连啤酒厂平分天下，大连大雪啤酒也占据自己的份额。渤海啤酒厂的大尼根、大连啤酒厂的棒棰岛啤酒，都曾是大连人最宠爱的品牌。在那个啤酒产能不足的时代，逢年过节，大连人甚至要通过啤酒厂的熟人才能排队买到啤酒。

进入90年代之后，大连渤海啤酒厂以2万吨的年产量，在同城对手大连啤酒厂13万吨产能的重压下连年亏损，大连大雪啤酒则一度面临破产。而随着全国范围内竞争的加剧，许多地方国有啤酒厂在经历短暂的繁荣后都开始陷入亏损。

1996年，华润雪花挺进大连啤酒市场，收购大连渤海啤酒厂并改为大连华润啤酒有限公司，而其在大连的唯一对手——大连啤酒厂生产的“大棒”“小棒”，却以大华润5倍的销量，牢牢把握着大连市场。5年后，华润雪花大连啤酒厂奇迹般地完成了中国啤酒史上颇具经典色彩的“蛇吞象”——全面收购了大连棒棰岛啤酒集团旗下的大连啤酒厂。而隶属于两大啤酒厂的一度令大连人引以为豪的棒棰岛啤酒、大连啤酒、大尼根等品牌，也彻底被注入了地产品牌新的血统。

大连啤酒市场这块蛋糕，此时由地产大雪啤酒、青岛啤酒和华润啤酒来竞争分享。对大连市场早已“剑出鞘”的青岛啤酒，力求在大连占据最好席位。

也就是在大连啤酒厂被华润雪花收购的这一年，2001年7月，“剥离”出大连啤酒厂的大连棒棰岛啤酒集团与大连食品集团、糖酒副食品集团重组

华润啤酒勇闯天涯活动

成立了大连棒棰岛食品集团。

2011年2月14日，一个意义深刻的情人节。全球领先的啤酒酿造商百威英博啤酒集团选择在如此浪漫的日子正式对外发布消息称：百威英博与大连大雪啤酒股份有限公司和麒麟（中国）投资有限公司已达成协议，收购大连大雪啤酒股份有限公司100%的股权。大雪啤酒，从此结束了大连北方地产品牌的历史时光。

2012年3月13日，华润雪花啤酒（大连）有限公司发布公告，称其拟吸收合并大连华润棒棰岛啤酒有限公司，已于2012年3月2日获得大连市对外经济贸易合作局初步同意。这意味着，大连的啤酒企业江湖上，将从此再无“棒棰岛啤酒”这个名号了。

随着华润雪花啤酒在大连突飞猛进的市场狂扫，华润雪花啤酒主控大连啤酒天下的鸿鹄之志正显威武雄心态势。目前，华润雪花啤酒（大连）有限公司在大连啤酒市场正牢牢占据着老大的位置。在每一届与大连晚报社《大美食》专刊一起举办的美食大赛中，啤酒菜的创意推出积极影响着酒店餐馆的菜品变化。

不过我更喜欢董长作大师做的那几道啤酒菜。其中用雪花纯生做的一道酒香大肠，啤酒滋润过的大肠口感更加软嫩滋润，细嚼慢咽后吞进胃里特别温润舒适，就像小时候妈妈将一块香喷喷的猪肉塞到我嘴里后又送我一杯温水刚轻轻吞下去那个感觉。

后　记

希君兄把电话打到北京来，说写了一部大连美食文化的书，希望我能够给他一些意见，我答应了。从邮箱传过来近 17 万字的书稿我刚读了一部分，就眼前一亮。

我得祝贺他。

祝贺一：他为大连这座浪漫城市提供了第一部关于美食文化的书。据我了解，在此之前，大连除了部分烹饪大师的一些菜谱与教学材料外，还没有一本比较系统地记载大连餐饮文化发展脉络的文化随笔性书籍。应该说，他算是给大连的历史发展具体内容增添了新的一笔，填补了美食文化史料欠缺的一个空白。

祝贺二：将散文、随笔、新闻与史料糅为一体形成的文字风格，使得表现形式活泼新颖多样化，这在近年还是比较少见的。虽然一看就知道里面有文学描写的成分，但在史料的掌控下自由发挥，又不失历史的客观真实与概括性，让本来可能比较枯燥的读物变得灵活耐读。当然，这里有他多年新闻与文学的功底。

祝贺三：从大连美食的发展经络中，把大连文化与历史的变化从侧面展现了出来。大连受山东齐鲁文化的重要影响，我们从书中那些烹饪大师们的表现，清晰地窥探到了孔孟思想与海岸文化对大连餐饮人和餐饮业发展的深刻影响。山东福山人不仅给大连带来了鲁菜，也带来了忠孝、继承、创新、发展这样一些积极的思想。大连的牟传仁、戴书经、董长作等烹饪大师与我先后都有接触，他们身上优秀的品质令我十分钦佩，有这样好的师傅和好的厨艺，大连年轻一代厨师的厨艺与做人都会更好，大连餐饮事业今后自然会更加繁荣发达。从大连美食历史的成长变化中，我看到了属于大连人的那些优秀的城市精神。大连人将鲁菜精髓吸收到自己的城市特色菜肴之中，形成了独特美味的大连菜，将大连海鲜这个品牌做到了在全国都有影响力，这就是大连精神在餐饮业凝聚的结晶。

再次祝贺这部书稿的出版。

中国公共关系协会常务副会长兼秘书长
《现代酒店与餐饮》《中国旅游饭店》杂志主编
王大平